职业院校专业课程改革系列教材

工程测量

主编◎范李明　沈利菁　　副主编◎王燕萍　陆佳琴

浙江工商大学出版社
ZHEJIANG GONGSHANG UNIVERSITY PRESS

·杭州·

图书在版编目(CIP)数据

工程测量 / 范李明,沈利菁主编. —杭州:浙江工商大学出版社,2020.7

ISBN 978-7-5178-3917-0

Ⅰ. ①工… Ⅱ. ①范… ②沈… Ⅲ. ①工程测量 Ⅳ. ①TB22

中国版本图书馆 CIP 数据核字(2020)第103586号

工程测量

GONGCHENG CELIANG

主编 范李明 沈利菁 副主编 王燕萍 陆佳琴

责任编辑 杨凌灵 厉 勇

封面设计 雪 青

责任印制 包建辉

出版发行 浙江工商大学出版社

(杭州市教工路198号 邮政编码310012)

(E-mail:zjgsupress@163.com)

(网址:http://www.zjgsupress.com)

电话:0571-88904980,88831806(传真)

排 版 杭州朝曦图文设计有限公司

印 刷 浙江全能工艺美术印刷有限公司

开 本 787mm×1092 mm 1/16

印 张 9.5

字 数 187千

版 印 次 2020年7月第1版 2020年7月第1次印刷

书 号 ISBN 978-7-5178-3917-0

定 价 30.00元

编委会

主　编　范李明　沈利菁

副主编　王燕萍　陆佳琴

编　者　郭　伟　方苗林　徐　标　夏荣萍

主编简介

范李明，浙江绍兴人，中学二级教师。对工程测量有深入的研究与实践，曾辅导学生参加全国职业院校技能大赛，获工程测量赛项全国一等奖、浙江省一等奖、绍兴市一等奖等，个人荣获全国优秀指导教师称号。担任建筑专业专任教师，系周良建筑名师工作室成员，在省级期刊《读写算》上发表论文《行动导向教学法在中职建筑工程测量课程中的实践》，参与工程测量精品课程教学等。

沈利菁，浙江绍兴人，中学一级教师，长期从事中职建筑教学研究，是一位热爱学习、刻苦钻研的教师，已主编《建筑类专业建筑力学与结构同步辅导与能力训练》，参编《建筑类专业复习训练——基础理论阶段综合测试卷集》《高职考建筑类专业总复习》《高职考建筑类专业总复习同步综合检测卷》《建筑工程安全管理》等。

目录

项目一　测量的基础知识

任务一　工程测量学的任务及作用

◎学习目标：要求了解测量学的概念、任务和作用。

◎技能标准及要求：掌握测量学的分支学科、主要任务要求、测量学的意义及应用。

知识储备

工程测量学，又称实用测量学或应用测量学，是研究工程建设在勘测设计、施工建设和管理阶段所进行的各种测量工作的理论、技术和方法的学科。它是测绘学在国民经济和国防建设中的直接应用。工程测量学所研究的内容，按工程测量所服务的工程种类，分为建筑工程测量、线路测量（如铁路测量、公路测量、输电线路测量和输油管道测量等）、桥梁测量、隧道测量、矿山测量、城市测量和水利工程测量等。按工程建设进行的程序，又可分为规划设计阶段的测量、施工兴建阶段的测量和竣工后运营管理阶段的测量，每个阶段测量工作的重点和要求各不相同。

1. 测量学的基本概念

测量学是研究如何测定地面点的平面位置和高程，将地球表面的地物、地貌及其他信息绘制成图，确定地球的形状、大小的科学。测量学的内容包括测定和测设两个部分。测定是指使用测量仪器和工具，通过测量和计算得到一系列测量数据，或者把地球表面的地形缩绘成地形图，供经济建设、规划设计、科学研究和国防建设使用。测设是指把图纸上规划设计好的建筑物、构筑物的位置在地面上标定出来，作为施工的依据。测量学按照研究范围和对象的不同，可分为以下几个分支学科。

（1）大地测量学：研究和测定地球的形状和大小，建立统一的大地测量坐标系，研究地壳变形以及地球重力场变化和问题的学科。

(2)普通测量学:不考虑地球曲率的影响,研究地球表面局部区域内测绘工作的基本理论、仪器和方法的学科。

(3)摄影测量与遥感学:研究利用摄影或遥感的手段来测定目标物的形状、大小和空间位置,判断其性质和相互关系的理论技术的学科。

(4)海洋测量学:研究以海洋水体和海底为对象所进行的测量和绘图编制理论与方法的学科。

(5)工程测量学:研究各种工程建设在设计、施工和管理阶段时的各种测量工作理论和技术的学科。

本教材主要介绍土木建筑工程中的测绘工作内容,称为土木工程测量学。它属于工程测量学的范畴,也与其他测量学科有着密切的联系。

2. 工程测量学的任务

工程测量学按其所服务的工程种类,可分为建筑工程测量、线路测量、桥梁与隧道测量、矿山测量、城市测量、水利工程测量、管线工程测量、高精度工程测量和工程摄影测量等。建筑工程测量学是工程测量学的分支学科,是研究建筑工程在规划设计、施工建设和运营管理阶段所进行的各类测量工作的理论、技术和方法的学科。其主要任务包括以下几个方面。

(1)测图:应用各种测绘仪器和工具,在地球表面局部区域内,测定地物(如房屋、道路、桥梁、河流、湖泊)和地貌(如平原、洼地、丘陵、山地)的特征点或棱角点的三维坐标,根据局部区域地图投影理论,将测量资料按比例绘制成图或制作成电子图。既能表示地物平面位置又能表现地貌变化的图称为地形图,仅能表示地物平面位置的图称为地物图。工程竣工后,为了便于工程验收和运营管理、维修,还需测绘竣工图;为了满足与工程建设有关的土地规划与管理、用地界定等的需要,需测绘各种平面图(如地籍图、宗地图);对于道路、管线和特殊建(构)筑物的设计,还需测绘带状地形图和沿某方向表示地面起伏变化的断面图等。

(2)用图:利用成图的基本原理,如构图方法、坐标系统、表达方式等,在图上进行测量以获得所需要的资料(如地面点的三维坐标、两点间的距离、地块面积、地面坡度、断面形状),或将图上测量的数据反算成实地相应的测量数据,以解决设计和施工中的实际问题。例如,利用有利的地形来选择建筑物的布局、形式、位置和尺寸,在地形图上进行方案比较、土方量估算、施工场地布置与平整等。用图是成图的逆反过程。工程建设项目的规划设计方案,力求经济、合理、实用、美观。这就要求在规划设计中,充分利用地形,合理使用土地,正确处理建设项目与环境的关系,做到规划设计与自然美相结合,使建筑物与自然地形形成协调统一的整体,因而用图贯穿于工程规划设计的全过程。同时在工程项目改(扩)建、施工阶段、运营管理阶段也需要用图。

(3)放图:也称施工放样,是根据设计图提供的数据,按照设计精度要求,通过测量手段将建(构)筑物的特征点、线、面等标定到实地工作面上,为施工提供正确位置,指导施工。施工放样,又称施工测设,它是测图的逆反过程。施工放样贯穿于施工阶段的全过程。同时,在施工过程中,还需利用测量的手段监测建(构)筑物的三维坐标、构件与设备的安装定位等,以保证工程施工质量。

(4)变形观测,又称为变形测量。在大型建筑物的施工过程中和竣工之后,为了确保建筑物在各种荷载或外力作用下施工和运营的安全性和稳定性,或验证其设计理论和检查施工质量,需要对其进行位移和变形监测,这种监测称为变形测量。它是在建筑物上设置若干观测点,按测量的观测程序和相应周期,测定观测点在荷载或外力作用下,随时间延续三维坐标的变化值,以分析判断建筑物的安全性和稳定性。变形观测包括位移观测、倾斜观测、裂缝观测等。综上所述,测量工作贯穿于工程建设的全过程。参与工程建设的技术人员必须具备工程测量的基本技能。因此,工程测量学是工程建设技术人员必修的一门技术基础课。

3. 测量学的作用

测绘技术及成果应用十分广泛,对国民经济建设、国防建设和科学研究起着重要的作用。国民经济建设发展的整体规划,城镇和工矿企业的建设与改(扩)建,交通、水利水电、各种管线的修建,农业、林业、矿产资源等的规划、开发、保护和管理,以及灾情监测等都需要测量工作;在国防建设中,测绘技术对国防工程建设、战略部署和战役指挥、诸兵种协同作战、现代化技术装备和武器装备应用等都起着重要作用;对于空间技术研究、地壳形变、海岸变迁、地极运动、地震预报、地球动力、卫星发射与回收等科学研究方面,测绘信息资料也是不可缺少的。同时,测绘资料是重要的基础信息,其成果是信息产业的重要组成部分。

在土木工程中,测绘科学的各项高新技术,已在或正在土木工程各专业中得到广泛应用。在工程建设的规划设计阶段,各种比例尺的地形图、数字地形图或有关GIS(地理信息系统),用于城镇规划设计、管理、道路选线以及总平面和竖向设计等,以保障建设选址得当,规划布局科学合理;在施工阶段,特别是大型、特大型工程的施工,GPS(全球定位系统)技术和测量机器人技术已经用于高精度建(构)筑物的施工测设,并适时对施工、安装工作进行检验校正,以保证施工符合设计要求;在工程管理方面,竣工测量资料是扩建、改建和管理维护必需的资料。对于大型或重要建(构)筑物还要定期进行变形监测,以确保其安全可靠;在土地资源管理方面,地籍图、房产图对土地资源开发、综合利用、管理和权属确认具有法律效力。因此,测绘资料是项目建设的重要依据,是土木工程勘察设计现代化的重要技术,是工程项目顺利施工的重要保证,是房产、地产管理的重要手段,是工程质量检验和监测的重要措施。

土木工程技术人员必须明确测量学科在土木工程建设中的重要地位。通过本课程的学习，要求学生掌握测量的基本理论和技术原理，熟练操作常规测量仪器，正确应用工程测量的基本理论和方法，并具有一定的测图、用图、放图和变形测量等的独立工作能力。这也是进行土木工程技术工作的基本要求。

任务二　测量坐标系统

◎学习目标：要求了解测量基准面的概念，高程的概念。

◎技能标准及要求：掌握测量上通用的几种坐标系统及其原理。掌握高差的计算方法，能正确完成高差的计算。

知识储备

测量工作的主要任务之一是确定地面点的空间位置，其表示方法为坐标和高程，而地面点的空间位置与一定的坐标系统相对应。在测绘工作中，常用的坐标系统有大地坐标系、高斯投影平面直角坐标系、独立平面直角坐标系等。

1. 测量基准面的概念

测量工作是在地球表面进行的。欲确定地表上某点的位置，必须建立一个相应的测量工作面——基准面，统一计算基准，实现空间点的信息共享。为了达到此目的，测量基准面规则用简单几何形体与数学表达式来表达。如图1-1所示，地球表面有高山、丘陵、平原、盆地和海洋等自然起伏，为极不规则的曲面。例如，珠穆朗玛峰高于海平面8844.43 m，太平洋

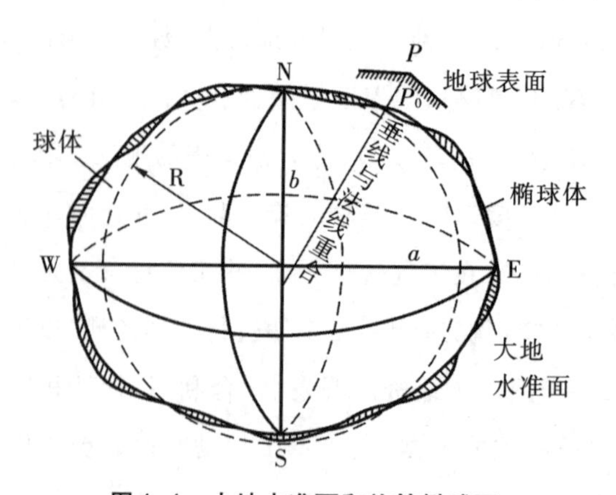

图1-1　大地水准面和旋转椭球面

西部的马里亚纳海沟深11022 m,尽管它们高低相差悬殊,但与地球的平均半径6731 km相比是微小的。另外,地球表面约71%的面积为海洋,陆地面积约占29%。

根据上述条件,人们设想以一个自由静止的海水面向陆地延伸,并包含整个地球,形成一个封闭的曲面来代替地球表面,这个曲面称为水准面。与水准面相切的平面,称为水平面。可见,水准面与水平面可以有无数个,其中与平均海水面重合并延伸到大陆内部的水准面称为大地水准面。由大地水准面包围的形体称为大地体。大地水准面是测量工作的基准面,也是地面点高程的统一起算面(又称为高程基准面)。在测区面积较小时,可将水平面作为测量工作的基准面。

地球是太阳系中的一颗行星。根据万有引力定律,地球上的物体受地球重力(主要考虑地球引力和地球自转离心力)作用,水准面上任意一点的铅垂线(称为重力作用线,是测量上的基准线)都垂直于该曲面,这是水准面的一个重要特征。由于地球内部质量分布不均匀,重力受到影响,致使铅垂线方向产生不规则变化,导致大地水准面成为一个有微小起伏的复杂曲面,缺乏做基准面的第二个条件。如果在此曲面上进行测量工作,测量、计算、制图都非常困难。为此,根据不同轨迹卫星的长期观测成果,经过推算,选择了一个非常接近大地体又能用数学式表达的规则几何形体来代表地球的整体形状。这个几何形体称为旋转椭球体,其表面称为旋转椭球面。测量上将概括地球总形体的旋转椭球体称为参考椭球体,相应的规则曲面称为参考椭球面。其数学表达式为:

$$\frac{x^2}{a^2}+\frac{y^2}{b^2}+\frac{z^2}{c^2}=1 \tag{1-1}$$

式中,a,b为椭球体几何参数,a为长半轴的长度,b为短半轴的长度;参考椭球体扁率α应满足:

$$\alpha=\frac{a-b}{a} \tag{1-2}$$

我国现采用的参考椭球体的几何参数为a=6378.136 km,α=1/298.257,推算得b=6356.752 km。由于α很小,当测区面积不大时,可将地球当作圆球体,其半径采用地球平均半径$R=(2a+b)/3$,取近似值为6371 km。测量工作的实质是确定地面点的空间位置,即在测量基准面上用三个量(该点的平面或球面坐标与该点的高程)来表示。因此,要确定地面点位必须建立测量坐标系统和高程系统。

2. 坐标系统

坐标系统用来确定地面点在地球椭球面或投影平面上的位置,测量上通常采用地理坐标系统、高斯-克吕格平面直角坐标系统、独立平面直角坐标系统等。

(1)地理坐标系

用经度、纬度来表示地面点位置的坐标系,称为地理坐标系。若用天文经度λ、天文纬度ϕ来表示,则称为天文地理坐标系,如图1-2所示;而用大地经度L、大地纬度B来表示,则称为大地地理坐标系。天文地理坐标是用天文测量方法直接测定的,大地地理坐标是根据大地测量所得数据推算得到的。地理坐标为一种球面坐标,常用于大地问题解算、地球形状和大小的研究、编制大面积地图、火箭与卫星发射、战略防御和指挥等方面。

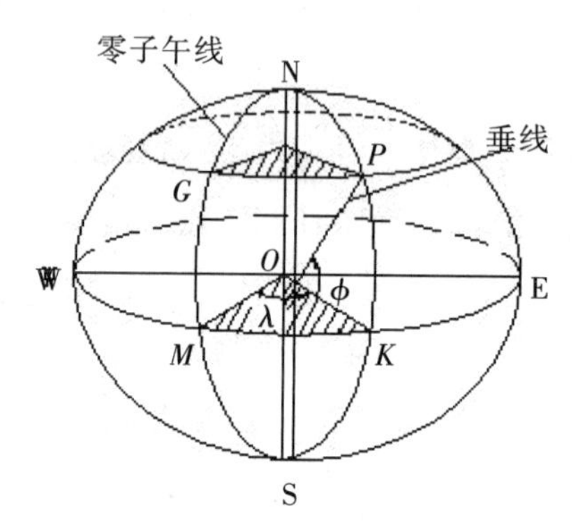

图1-2 天文地理坐标系

由地理学可知,地球北极N与南极S的连线称为地轴,NS为短轴,地球的球心为O。过地面点P和地轴的平面称为子午面,子午面与地球表面的交线称为子午线;通过英国伦敦格林尼治天文台的子午面NGMSO称为首子午面,相应的子午线称为首子午线(即零子午线),其经度为0°。地面上任意一点P的子午面NPKSO与首子午面间所夹的二面角λ称为P点的经度。经度由首子午面向东、向西各由0°~180°度量,在首子午线以东称为东经,以西称为西经。通过地心且垂直于地轴的平面称为赤道面,赤道面与地球表面的交线称为赤道;地面点P的铅垂线与赤道面所形成的夹角ϕ称为P点的纬度。由赤道面向北度量称为北纬,向南极度量称为南纬,其取值范围均为0°~90°。例如,北京某点的天文地理坐标为东经116°28′,北纬39°54′。大地经纬度是根据一个起始大地点(称为大地原点,该点的大地经纬度与天文经纬度一致)的大地坐标,再按大地测量所得数据推算而得的。20世纪50年代,在我国天文大地网建立初期,鉴于当时的历史条件,采用了克拉索夫斯基椭球元素,并与苏联1942年普尔科沃坐标系进行联测,通过计算,建立了我国的1954年北京坐标系。目前我国使用的大地坐标系,是以位于陕西省泾阳县境内的国家大地点为起算点建立的统一坐标系,称为1980年国家大地坐标系。

地面上同一点的天文坐标与地理坐标是不完全相同的,因为二者采用的基准面和基准线不同,天文坐标采用的是大地水准面和铅垂线,而大地坐标采用的是旋转椭球面和法线。

(2)高斯-克吕格平面直角坐标系

地理坐标是建立在球面基础上的,不能直接用于测图、工程建设规划、设计、施工,所以测量工作最好放在平面上进行。因此需要将球面坐标按一定的数学算法归算到平面上,即按照地图投影理论(高斯投影)将球面坐标转化为平面直角坐标。

高斯投影,是设想将截面为椭圆的柱面套在椭球体外面,如图1-3(a)所示,使柱面轴线通过椭球中心,并且使椭球面上的中央子午线与柱面相切,而后将中央子午线附近的椭球面上的点、线正形投影到柱面上。再沿过极点N的母线将柱面剪开,展成平面,如图1-3(b)所示,这样就形成了高斯投影平面。由此可见,经高斯投影后,中央子午线与赤道呈直线,其长度不变,并且二者正交。而离开中央子午线和赤道的点、线均有所变形,离得越远变形越大。

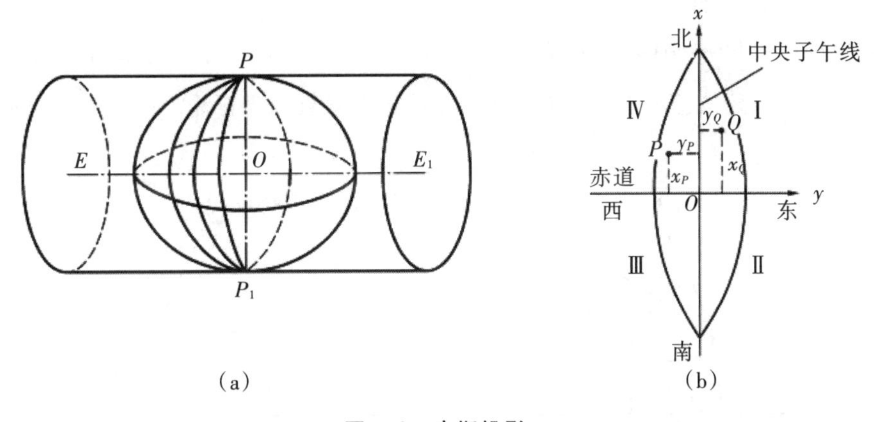

图1-3　高斯投影

为了控制由曲面等角投影(正形投影)到平面时引起的变形在测量容许值范围内,将地球按一定的经度差分成若干带,各带独立进行投影。从首子午线自西向东每隔6°划为一带,称为6°带。每带均统一编排带号,用N表示。自西向东依次编为1~60,如图1-4所示。位

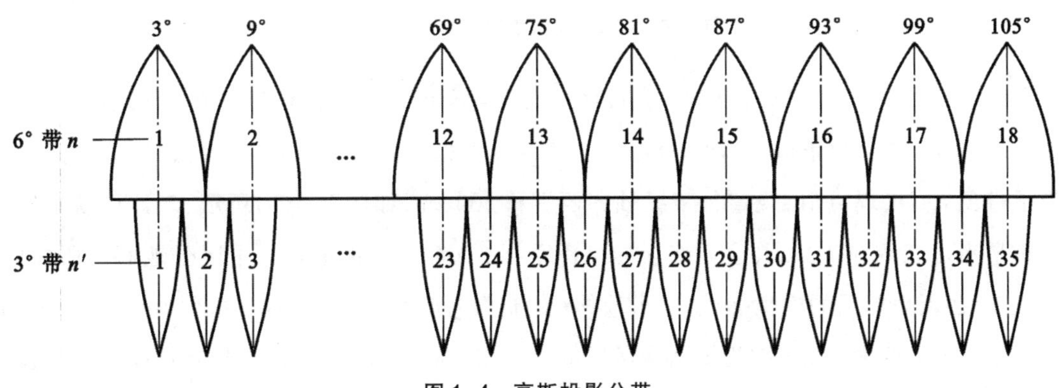

图1-4　高斯投影分带

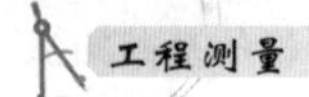

于各带边界上的子午线称为分带子午线，位于各带中央的子午线称为中央子午线或轴子午线。各带中央子午线的经度λ_0^6按下式计算：

$$\lambda_0^6 = 6°N - 3° \tag{1-3}$$

亦可从经度1°30′自西向东按3°经差分带，称为3°带，其带号用n表示，依次编号1～120。各带的中央子午线经度λ_0^3按下式计算

$$\lambda_0^3 = 3\,\mathrm{n} \tag{1-4}$$

例如：北京某点的经度为116°28′，它属于6°带的带号$N=\mathrm{INT}\left[\dfrac{116°28'}{6°}+1\right]=20$，中央子午线经度$\lambda_0^6=6°\times20-3°=117°$。3°带的带号$N=\mathrm{INT}\left[\dfrac{116°28'-1°30'}{6°}+1\right]=39$，相应的中央子午线经度$\lambda_0^3=3°\times39=117°$。分带应视测量的精度选择，工程建设一般选择6°、3°带，亦可按9°（宽带）、1°5′（窄带）分带。

分带投影后，以各带中央子午线为纵轴（x轴），北方向为正，赤道为横轴（y轴），东方向为正，其交点为原点，建立起各投影带的高斯-克吕格平面直角坐标系，如图1-5(a)所示。

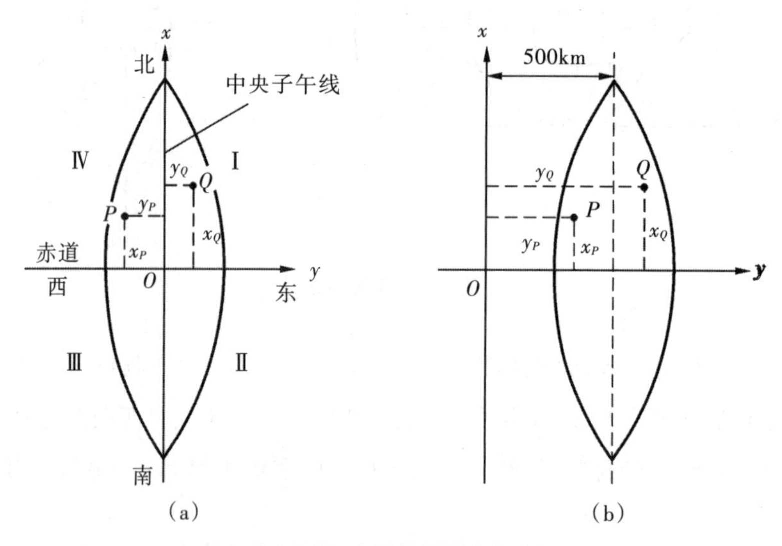

图1-5　高斯-克吕格平面直角坐标系

我国领土位于北半球，在高斯-克吕格平面直角坐标系中，x值均为正值。而地面点位于中央子午线以东y为正值，以西y为负值。这种以中央子午线为纵轴的坐标值称为自然值。为了避免y值出现负值，规定每带纵轴向西平移500 km，如图1-5(b)所示，来计算横坐标。而每带赤道长约667.2 km，这样在新的坐标系下，横坐标为正值。为了区分地面点所在的带，还应在新坐标系的横坐标值（以米计的6位整数）前冠以投影带号。这种由带号、500 km和自然值组成的横坐标y称为横坐标通用值。例如，地面上两点A、B位于6°带的18号带，横

坐标自然值分别为 y_A=34257.38 m，y_B=−104172.34 m，则相应的横坐标通用值为 y_A=18534257.38 m，y_B=18395827.66 m。我国境内6°带的带号在13～23之间，而3°带的带号在24～45之间，相互之间带号不重叠，根据某点的通用值即可判断该点处于6°带还是3°带。

(3)独立平面直角坐标系

当测区范围较小（半径≤10 km）时，可将地球表面视作平面，直接将地面点沿铅垂线方向投影到水平面上，用平面直角坐标系表示该点的投影位置。以测区子午线方向（真子午线或磁子午线）为纵轴（x 轴），北方向为正；横轴（y 轴）与 x 轴垂直，东方向为正，这样就建立了独立平面直角坐标系，如图1-6所示。实际测量中，为了避免出现负值，一般将坐标原点选在测区的西南角，故又称假定平面直角坐标系。

两种平面直角坐标系，与数学坐标系相比较，区别在于纵、横轴互换，且象限按顺时针方向Ⅰ、Ⅱ、Ⅲ、Ⅳ排列，如图1-6所示，目的是便于将数学中的三角函数公式和几何公式直接应用于测量学中。

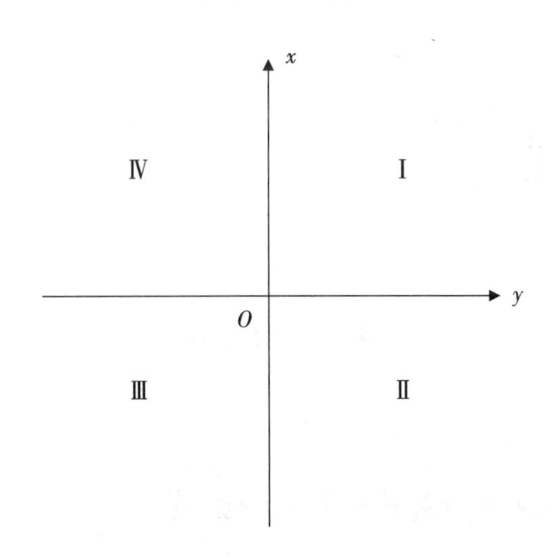

图1-6　独立平面直角坐标系

3. 高程系统

地面点至水准面的铅垂距离，称为该点的高程。地面点到大地水准面的铅垂距离，称为该点的绝对高程（简称高程）或海拔，用 H 表示。A、B 两点的高程为 H_A、H_B，如图1-7所示。中华人民共和国成立以来，我国把青岛市大港1号码头两端的验潮站多年观测资料求得的黄海平均海水面作为高程基准面，其高程为0.000 m，建立了1956年黄海高程系，并在青岛市观象山建立了中华人民共和国水准原点，其高程为72.289 m。随着观测资料的积累，采用1953—1979年的验潮资料，1985年精确地确定了黄海平均海水面，推算得国家水准原点的高程为72.260 m，由此建立了1985年国家高程基准，作为统一的国家高程系统，于1987年启用。现在仍在使用的1956年黄海高程系，以及其他高程系(如吴淞高程系、珠江高程系等)都应统一到“1985年国家高程基准”上。在局部地区，若采用国家高程基准有困难时，也可以假定一个水准面作为高程基准面。地面点到假定水准面的铅垂距离，称为该点的相对高程或假定高程，通常用H'表示。如图1-7所示，A、B点的相对高程分别为H'_A、H'_B。地面上两点之间的高程之差，称为高差用h表示。由图1-7可知，A、B两点间的高差为：

$$h_{AB}=H_B-H_A=H'_B-H'_A \tag{1-5}$$

由此可见，已知H_A和H_B，可求得H_B。即

$$H_B=H_A+h_{AB} \tag{1-6}$$

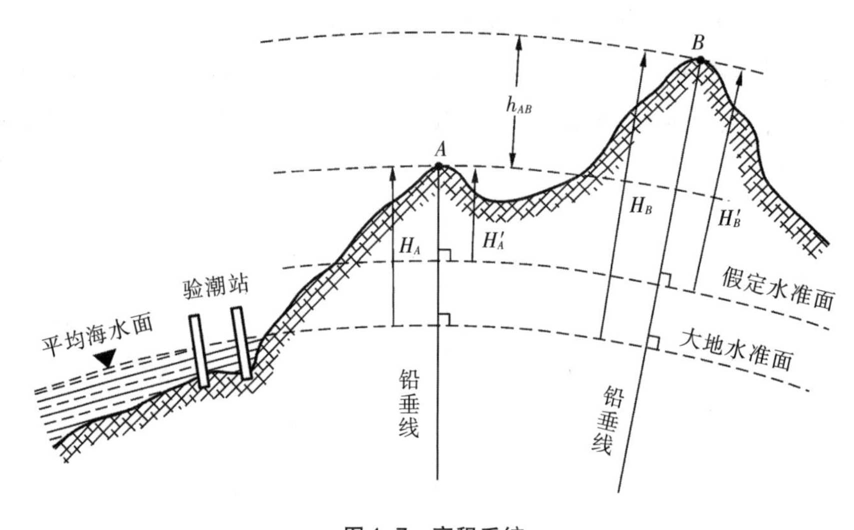

图1-7　高程系统

任务三　确定地面点的位置

◎学习目标：要求了解地面点定位的参数及原理。

◎技能标准及要求：掌握地面点定位的程序和原则。

知识储备

测量工作是在地球表面进行的，要确定地面点之间的相互关系，将地球表面测绘成地形图，需了解地球的形状和大小。对地球形状的研究是大地测量学和固体地球物理学的一个共同课题，其目的是运用几何方法、重力方法和空间技术，确定地球的形状、大小及地面点的位置和重力场的精细结构。

1. 地面点的定位参数

欲确定地面点的位置，必须求得它在椭球面或投影平面上的坐标（λ、ϕ或x、y）和高程H三个量，这三个量称为三维定位参数，而将（λ、ϕ或x、y）称为二维定位参数。无论采用何种坐标系统，都需要测量出地面点间的距离D、相关角度β和高程H。D,β和H称为地面点的定位参数。

2. 地面点的定位原理

欲确定地面上某特征点P的位置，在工程建设中，通常采用卫星定位和几何测量定位方法。卫星定位是利用卫星信号接收机，同时接收多颗定位卫星的信号，解算出待定点P的定位参数，如图1-8(a)所示。设各卫星的空间坐标为x_i,y_i,z_i,P的空间坐标为x_P,y_P,z_P,P点接收机与卫星间的距离为D_i,则有：

$$D_i = \sqrt{(x_p - x_i)^2 + (y_p - y_i)^2 + (z_p - z_i)^2} \tag{1-7}$$

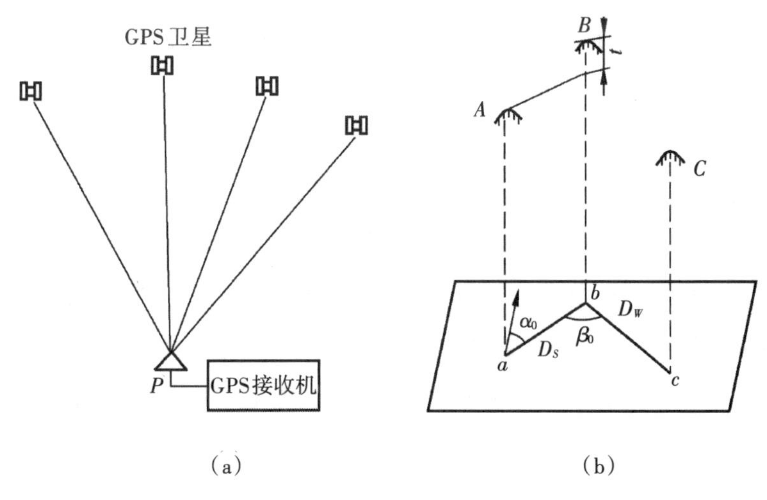

图1-8　地面点定位原理

将上式联立可解得x_P,y_P,z_P。在解算过程中通过高斯投影即可转化为平面直角坐标。几何测量定位如图1-8(b)所示，地面上有A,B,C三点，其中已知A点的三维坐标x_A,y_A,H_A,B,C为待定点。若测定点A、点B间的距离D_{AB},AB边与坐标纵轴x间的夹角α_{AB}(称为方位角)和h_{AB},则有：

$$\begin{aligned} x_B &= x_A + D_{AB}\cos\alpha_{AB} \\ y_B &= y_A + D_{AB}\sin\alpha_{AB} \end{aligned} \tag{1-8}$$

$$H_B = H_A + h_{AB}$$

同理，若A点、B点的坐标已知，只要测定AB边和BC边的夹角β和距离D_{BC}、高差h_{BC}，推算出α_{BC}后，即可按式(1-8)求得C点的空间坐标。地面点定位的方法除上述之外，还有如图1-9所示的极坐标法[图1-9(a)]、直角坐标法[图1-9(b)]、角度交会法[图1-9(c)]、距离交会法[图1-9(d)]、边角交会法[图1-9(e)]等，只要测定其中相应的距离D_i和角度i_β，即可确定P的平面位置。

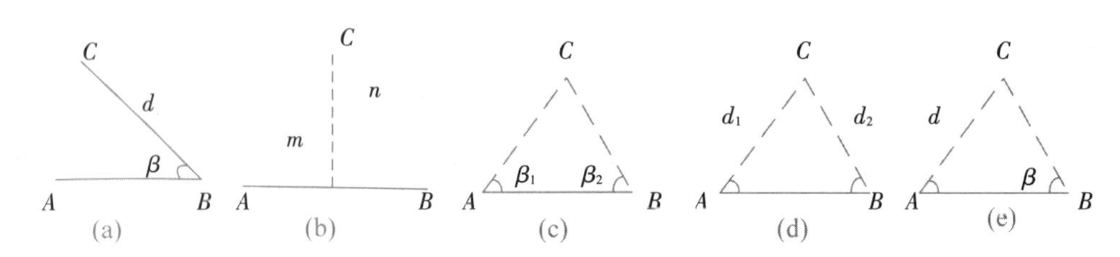

图1-9　地面点定位方法

3. 地面点定位的程序与原则

测量地面点定位参数时，不可避免地会产生误差，甚至发生错误。如果按上述方法逐点连续定位，不加以检查和控制，势必造成由于误差累积导致点位误差逐渐增大，最后达到不可容许的程度。为了限制误差的累积，测量工作中的程序必须适当，控制连续定位的延伸；同时应遵循特定的原则，不能盲目施测，造成恶劣的后果。测量工作应逐级进行，即先进行控制测量，后进行碎部测量和与工程建设相关的测量。控制测量，就是在测区范围内，从测区整体出发，选择数量足够、分布均匀，且起着控制作用的点（称为控制点），并使这些点的连线构成一定的几何图形（如导线测量中的闭合多边形、折线形，三角测量中的小三角网、大地四边形等），用高一级精度精确测定其空间位置（定位参数），以此作为测区内其他测量工作的依据。控制点的定位参数必须通过坐标形成一个整体。控制测量分为平面控制测量和高程控制测量。碎部测量，是指以控制点为依据，用低一级精度测定周围局部范围内地物、地貌特征点的定位参数，由此按成图规则依一定比例尺将特征点标绘在图上，绘制成各种图件（地形图、平面图等）。相关测量，是指以控制点为依据，在测区内用低一级精度进行与工程建设项目有关的各种测量工作，如施工放样、竣工图测绘、施工监测等。它是根据设计数据或特定的要求测定地面点的定位参数，为施工检验、验收等提供数据和资料。

由上述程序可以看出，确定地面点位（整个测量工作）必须遵循以下几个原则。

(1)整体性原则

整体性是指测量对象各部应构成一个完整的区域，各地面点的定位元素相互关联而不孤立。测区内所有局部区域的测量必须统一到同一测量基准，即从属于控制测量。因此测量工作必须“从整体到局部”。

(2)控制性原则

控制性是指在测区内建立一个自身的统一基准,作为其他任何测量的基础和质量保证,只有控制测量完成后,才能进行其他测量工作,有效控制测量误差。其他测量相对于控制测量而言,精度要低一些。此为“先控制后碎部”。

(3)等级性原则

等级性是指测量工作应“由高级到低级”。任何测量必须先进行高一级精度的测量,而后以此为基础进行低一级的测量工作,逐级进行。这样既能满足技术要求,也能合理利用资源、提高经济效益。同时,任何测量定位必须满足技术规范规定的技术等级,否则测量结果不可应用。等级规定是工程建设中测量技术工作的质量标准,任何违背技术等级的不合格测量都是不被允许的。

(4)检核性原则

测量成果必须真实、可靠、准确、置信度高,任何不合格或错误的结果都将给工程建设带来严重后果。因此,对测量资料和结果应进行严格的全过程检验、复核,消灭错误和虚假信息,剔除不合格结果。实践证明,测量资料与结果必须保持其原始性,前一步工作未经检核不得进行下一步工作,未经检核的结果绝对不允许使用。

任务四　测量的基本工作

◎学习目标:要求了解测量的基本工作方法。

◎技能标准及要求:掌握测量三要素和基本工作。

知识储备

测量工作的主要任务是确定地面点与点之间平面和高程的位置关系,也可将其分成测定和测设两部分。测定是将地物和地貌按一定的比例尺缩小绘制成地形图,测设是将在图纸上设计好的建筑物和构筑物的位置在实地标定出来。

1. 测量的基本工作

如图1-10所示,测区内有山丘、房屋、河流、小桥、公路等,测绘地形图的过程是先测量出这些地物、地貌特征点的坐标,然后按一定的比例尺、规定的符号缩小展绘在图纸上。例如，要在图纸上绘出一幢房屋，就需要在这幢房屋附近、与房屋通视且坐标已知的点（如图中的A点）上安置测量仪器，选择另一个坐标已知的点（如图中的F点或B点）作为定向方向，才能测量出这幢房屋角点的坐标。

图1-10　测绘工作和原则示意图

由图1-10可知，在A点安置测量仪器还可以测绘出西面的河流、小桥，北面的山丘，但山北面的工厂区就看不见了。因此，还需要在山北面布置一些点，如图1-10中的C，D，E点，这些点的坐标应已知。由此可知，要测绘地形图，首先要在测区内均匀布置一些点，并测量计算出它们的x，y，H三维坐标。测量上将这些点称为控制点，测量与计算控制点坐标的方法与过程称为控制测量。

2. 测量的要素和基本工作

在上述测量工作中，确定房角点的平面位置可通过测定水平角和水平距离来实现。另外，通过高差测量可确定房角点的高程。因此，水平角、水平距离和高差是确定地面点位置关系的三个基本几何要素。测量地面点的水平角、水平距离和高差是测量的基本工作。

项目二 水准测量

任务一 水准仪的使用

◎学习目标：通过学习和实训，要求了解水准仪外观各部件的名称及作用，掌握水准仪的操作、高差测量的方法。

◎技能标准及要求：掌握用水准仪进行水准测量时仪器应安置的位置和水准仪的操作步骤，能正确读出水准尺上的读数。

一、知识储备

地面点的高程是地面点的定位元素之一。测定地面点高程的工作称为高程测量，它是测量的基本工作之一。按使用的测量仪器和获得高程的方法不同，将其分为水准测量和三角高程测量，此外还有液体静力水准测量、气压高程测量和GPS高程测量等。下面主要介绍水准测量。

1. 水准测量原理

水准测量是利用水准仪提供一条水平视线，借助水准尺的读数来测定地面两点间的高差，并由已知点的高程推算出未知点的高程。

如图2-1所示，若已知A点的高程为H_A（称为已知高程点），欲测B点的高程H_B（称为待测高程点），需先测定A，B两点间的高差h_{AB}。测定h_{AB}可在A，B点间I处（称为测站）安置一台可提供水平视线的水准仪，通过水准仪的视线在A点（称为后视点）水准尺（称为后视尺）上读数a（称为后视读数），在B点（称为前视点）水准尺（称为前视尺）上读数b（称为前视读数）。则有：

$$h_{AB} = a - b \tag{2-1}$$

若$a > b$，h_{AB}为正值，表示B点高于A点；反之，则B点低于A点。

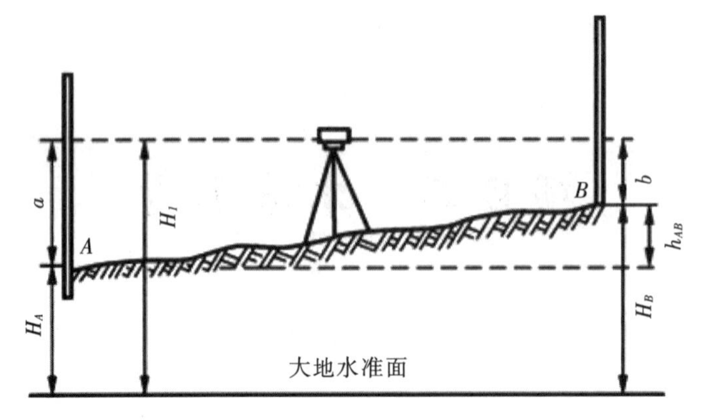

图 2-1　水准测量原理

因 A 点高程已知，欲测定待定点 B 的高程，首先要测出 A，B 两点之间的高差 h_{AB}，则 B 点的高程 H_B 为：

$$H_B = H_A + h_{AB} \tag{2-2}$$

利用上式求算待定点高程的方法称为高差法。

其中 H_i 为视线高程或仪器高程，简称视线高。则有：

$$H_i = H_A + a \tag{2-3}$$

$$H_B = H_i - b \tag{2-4}$$

利用上式求算待定点高程的方法称为视线高法。当安置一次仪器要求出几个点的高程时，视线高法比高差法更方便。

2. 水准测量仪器及工具

水准测量所使用的仪器称为水准仪，工具为水准尺和尺垫。

我国对大地测量仪器规定的总代号为“D”，水准仪的代号为“S”，即取汉语拼音的第一个字母，“DS”表示大地测量水准仪。按仪器的精度（即仪器所能达到的每千米水准测量往返测高差中数的偶然中误差，以 mm 计）来划分，可分为 DS 05、DS 1、DS 3、DS 10 等不同精度的仪器。目前，我国土木工程测量中一般使用的是 DS 3 微倾式水准仪和 DSZ 3 自动安平水准仪。

（1）DS 3 微倾式水准仪的构造

根据水准测量的原理，水准仪的主要作用是提供一条水平视线，并能照准水准尺进行读数。因此，水准仪主要由望远镜、水准器及基座三部分构成。图 2-2 是 DS 3 微倾式水准仪的构造图。

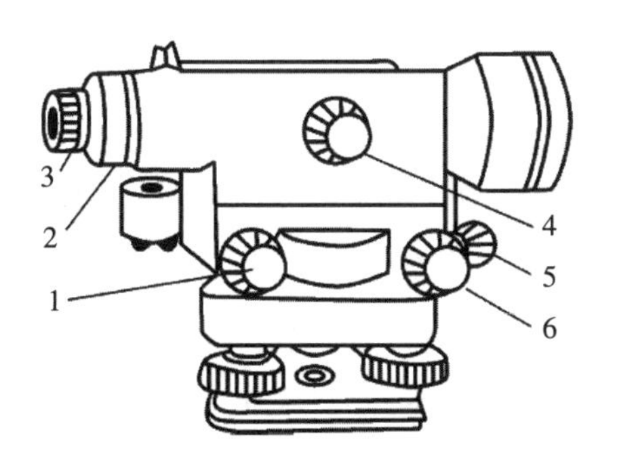

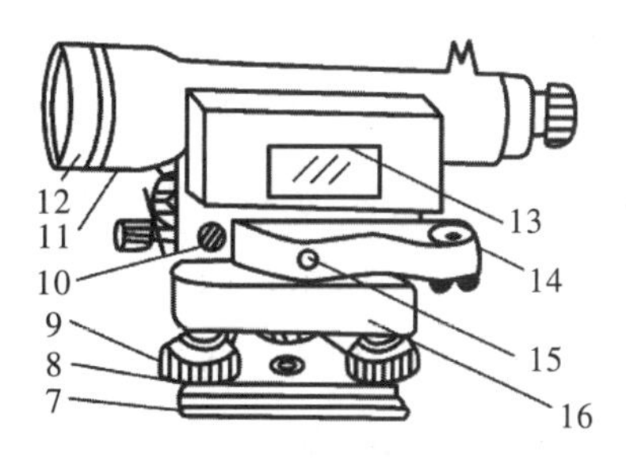

1. 微倾螺旋；2. 分划板护罩；3. 目镜；4. 物镜对光螺旋；5. 制动螺旋；
6. 微动螺旋；7. 底板；8. 三角压板；9. 脚螺旋；10. 弹簧帽；11. 望远镜；
12. 物镜；13. 管水准器；14. 圆水准器；15. 连接小螺丝；16. 轴座

图2-2　DS 3微倾式水准仪的构造

图2-3是DS 3水准仪望远镜的构造图。望远镜主要由物镜1、目镜2、对光凹透镜3和十字丝分划板4所组成。物镜的作用是将所照准的目标成像在十字丝分划板面上，形成一个倒立且缩小的实像。它由凸透镜或复合透镜组成。目镜的作用是将物镜所成的实像连同十字丝的影像放大成虚像。此时该实像与目镜之间的距离应小于目镜的焦距。由于目镜也是一个凸透镜，所以能得到放大的虚像。十字丝分划板是用于准确瞄准目标和读数的。在十字丝分划板上刻有两条相互垂直的长线，如图2-3中的7，竖的一条称竖丝，横的一条称为中丝，可用于瞄准目标和读数。在中丝的上下还有对称的两条短横丝，是用来测定距离的，称为视距丝。十字丝大多刻在玻璃片上，玻璃片安装在分划板座上，分划板座由止头螺丝8固定。

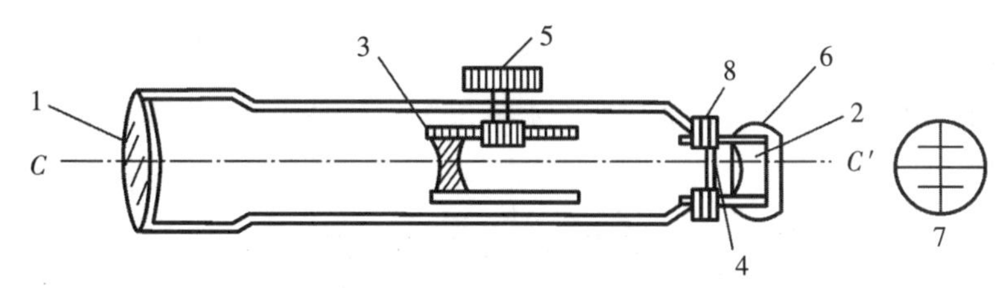

1. 物镜；2. 目镜；3. 对光凹透镜；4. 十字丝分划板；5. 物镜对光螺旋；
6. 目镜对光螺旋；7. 十字丝放大像；8. 分划板座止头螺丝

图2-3　DS 3水准仪望远镜的构造

十字丝交点与物镜光心的连线称为视准轴，如图2-3中的CC'。水准测量是在视准轴水平时，用十字丝的中丝截取水准尺上的读数。

水准器是用来衡量视准轴$C\text{-}C'$是否水平、仪器旋转轴（又称竖轴）$V\text{-}V'$是否铅垂的一种装置。其分为管状水准器（又称水准管）和圆水准器两种，前者用于精平仪器使视准轴水平，后者用于粗平使竖轴铅垂。

①圆水准器

如图2-4所示,将玻璃圆盒顶面内壁研磨成一定半径的球面,内注混合液体。以球面中心O′为圆心刻间隔为2 mm的分划圈。分划圈的圆心称为圆水准器零点,过零点的球面法线称为圆水准器轴,用$L'-L'$表示。圆水准器装在托板上,并使$L'L'/\!/VV$,当气泡居中时,$L'L'$与VV同时处于铅垂位置。气泡由零点向任意方向偏离2mm,$L'L'$相对于铅垂线倾斜一个角值,称为圆水准器分划值,用τ'表示。DS 3型水准仪一般τ'为8′~10′/2 mm。

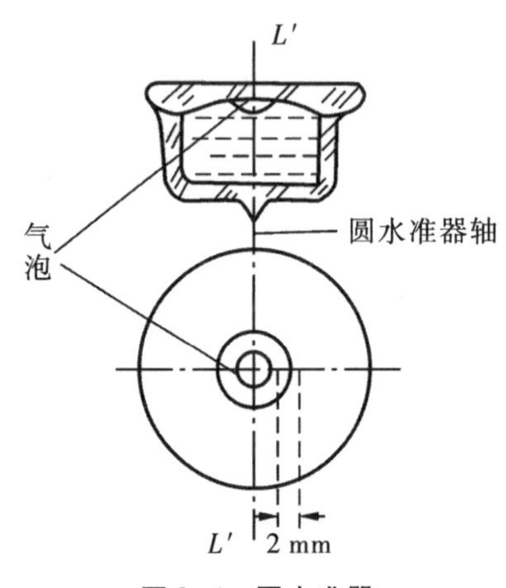

图2-4　圆水准器

②管水准器

如图2-5所示,内壁沿纵向研磨成一定曲率的圆弧玻璃管,管内注以乙醚和乙醇混合液体,两端加热融封后形成一气泡。水准管纵向圆弧的顶点O,称为管水准器的零点,过零点相切于内壁圆弧的纵向切线,称为水准管轴,用$L-L$表示。当气泡中心与零点重合时,称为气泡居中。为了使望远镜视准轴$C-C$水平,水准管安装在望远镜左侧,并满足$LL/\!/CC$;当水准管气泡居中时,LL处于水平,CC也就处于水平位置。这是水准仪应满足的重要条件。

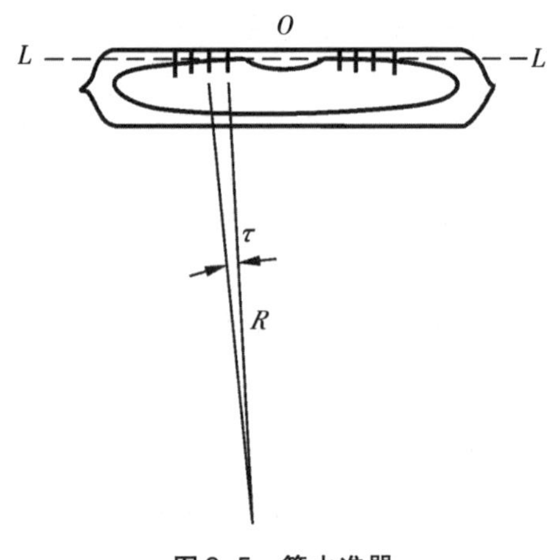

图2-5　管水准器

为了表示气泡的偏移量，沿水准管纵向对称于 O 点间隔 2 mm 弧长刻一分划线。两刻线间隔 2 mm 弧长所对的圆心角，称为水准管的分划值，如图 2-5 所示，用 τ 表示。它表示气泡偏离零点 2 mm（一格）时水准管轴倾斜的角值，即

$$\tau=\frac{2}{R}\rho \tag{2-5}$$

式中，$\rho=206265$；R 为水准管内壁的曲率半径，以 mm 计。

一般来说，τ 愈小，水准管灵敏度和仪器安平精度愈高。DS 3 型水准仪的水准管分划值为 20″/2 mm。为了提高水准管气泡居中的精度和速度，水准管上方安装了一套符合棱镜系统，如图 2-6（a）所示，将气泡同侧两端的半个气泡影像反映到望远镜旁的观察镜中。当气泡不居中时，两端气泡影像相互错开，如图 2-6（b）所示；转动微倾螺旋（左侧气泡移动方向与螺旋转动方向一致），望远镜在竖直面内倾斜，使气泡影像形成一光滑圆弧，如图 2-6（c）所示，表示气泡居中。这种水准器称为符合水准器。

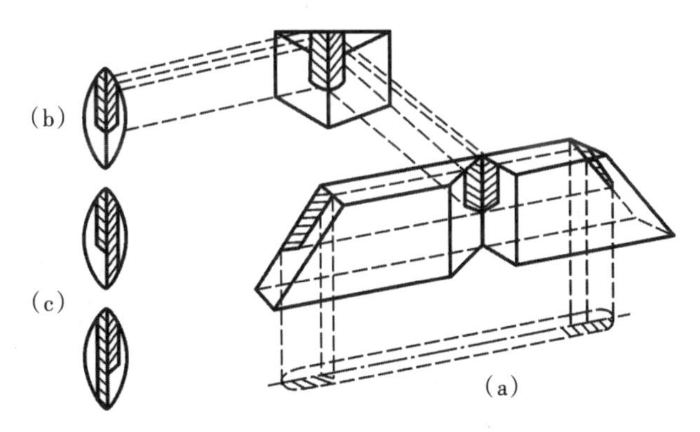

图 2-6　符合棱镜成像

基座主要由轴座、三个脚螺旋、三角形压板和连接板组成。基座的作用是支撑仪器的上部，并与三脚架相连接。

水准仪除了上述三个主要部分外，还有一套制动和微动的螺旋，制动螺旋和微动螺旋要配合使用。拧紧制动螺旋时，仪器不能转动，依靠调节微动螺旋使仪器做水平方向的微小转动，有利于精确照准目标；当松开制动螺旋后，调节微动螺旋就不起作用了。

(2)水准尺和尺垫

水准尺是水准测量时使用的标尺。水准尺按尺形分为直尺和塔尺两种，如图 2-7 所示。

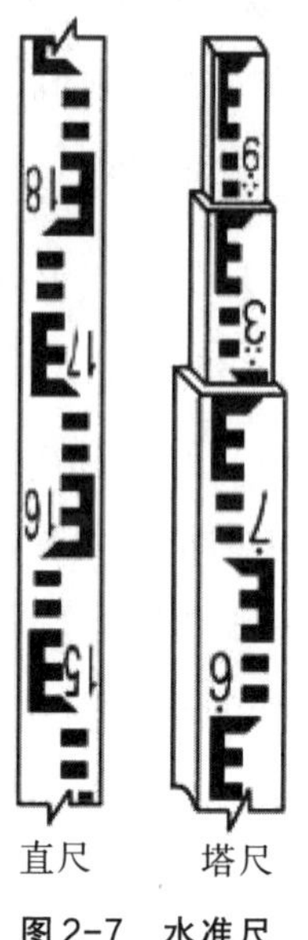

图2-7　水准尺

塔尺一般用玻璃钢、铝合金或优质木材制成，由三节尺段套接而成，全长5 m。尺面为5 mm或10 mm分划，每10 cm加一注记，超过1 m在注记上加红点表示米数。如，2上加1个红点表示1.2 m，加2个红点表示2.2 m，依此类推。塔尺两面起点均为0，属于单面尺。它携带方便，但尺段接头易损坏，对接易出差错，故常用于精度要求不高的水准测量。

直尺一般为双面尺，多用于三、四等水准测量。直尺的分划一面是黑白相间的，称为黑色面；另一面是红白相间的，称为红色面。双面尺要成对使用。一对尺子的黑色分划，其起始数字都是从零开始的，而红色面的起始数字分别为4687 mm和4787 mm。使用双面尺的优点在于可以避免观测中因印象而产生的读数错误，并可检查计算中的粗差。

尺垫是用生铁铸成的，一般为三角形，中央有一个突起的半球体，如图2-8所示。突起的半球体的顶点作为竖直水准尺和标志转点之用。尺垫的作用是防止因水准尺的位置和高度发生变化而影响水准测量的精度。

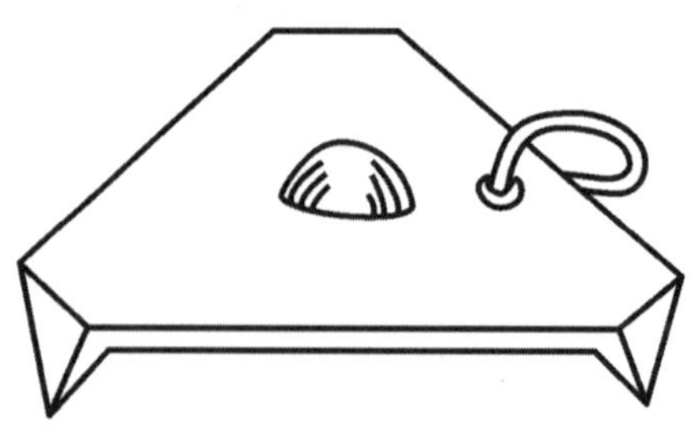

图2-8　尺垫

3. 水准仪的操作步骤

水准测量中，微倾式水准仪的基本操作步骤包括：水准仪的安置、粗略整平、瞄准水准尺、精平和读数。

(1)水准仪的安置

目的：将仪器脚架快速、稳定地安置到测站位置，并使高度适中、架头粗平。

操作：旋松脚架架腿的三个伸缩固定螺旋，抽出活动腿至适当高度(大致与肩平齐)，拧紧固定螺旋；张开架腿使脚尖呈等边三角形，摆动一架腿(圆周运动)使架头大致水平，踏实脚架。然后将仪器用中心连接螺旋固定在脚架上，并使基座连接板三边与架头三边对齐。在斜坡上安置仪器时，可调节位于上坡的一架腿的长短来安置脚架。

(2)粗略整平

目的：将仪器竖轴 *VV* 置于铅垂位置，视准轴 *CC* 大致置平。

操作：①任选两个脚螺旋1,2，双手相向等速转动这对脚螺旋，使气泡移动至1,2连线过零点的垂线上，如图2-9(a)所示；②转动另一个脚螺旋3，如图2-9(b)所示，使气泡位于分划圈的零点位置，或过零点与1,2连线的平行线上。

注意：整平时，气泡移动的方向与左手大拇指转动的方向一致(左手大拇指法则)。

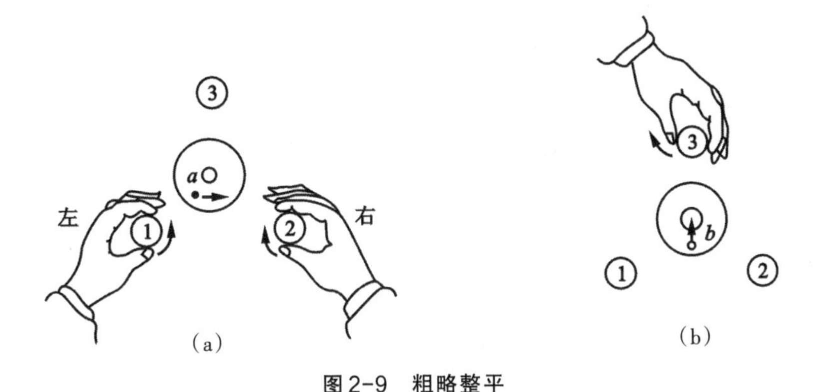

图2-9　粗略整平

(3)瞄准水准尺

目的：瞄准后视、前视尺方向，为精平、读数创造条件。

操作：①目镜对光、粗瞄，将望远镜朝向明亮背景，转动目镜对光螺旋，使十字丝影像清晰，然后松开制动螺旋，转动仪器，利用照门和准星瞄准水准尺，使水准尺进入望远镜视场，随即拧紧制动螺旋；②物镜对光、精瞄，转动调焦螺旋，使水准尺影像清晰，并落在十字丝平面上，然后转动微动螺旋，使十字丝竖丝与水准尺重合。上述对光，如不仔细操作，就会导致水准尺的影像与十字丝影像不共面，二者的影像不能同时看清，这种现象称为视差，如图2-

10所示。

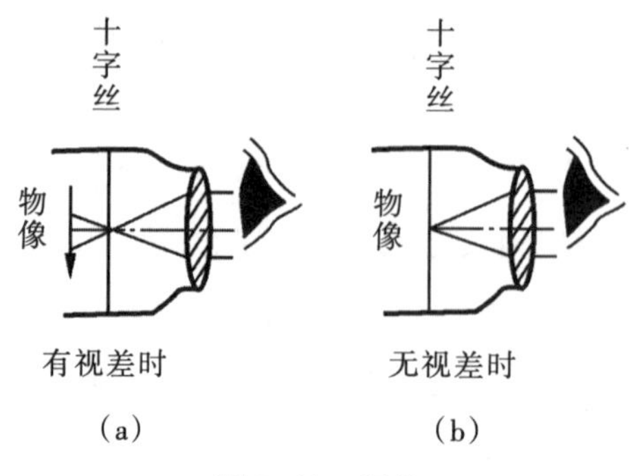

图2-10　视差

检查视差的方法：眼睛在目镜处上下微微移动，若二者的影像产生相对运动，则视差存在。

消除视差的方法：反复、仔细、认真地进行目镜、物镜对光，直到二者影像无相对运动为止。视差对瞄准、读数均有影响，务必加以消除。

(4)精确整平

目的：将照准方向的视线精密置平。

操作：调节微倾螺旋，使符合水准器气泡的两半弧影像成一光滑圆弧，如图2-11所示，这时视准轴在瞄准方向，处于精密水平。

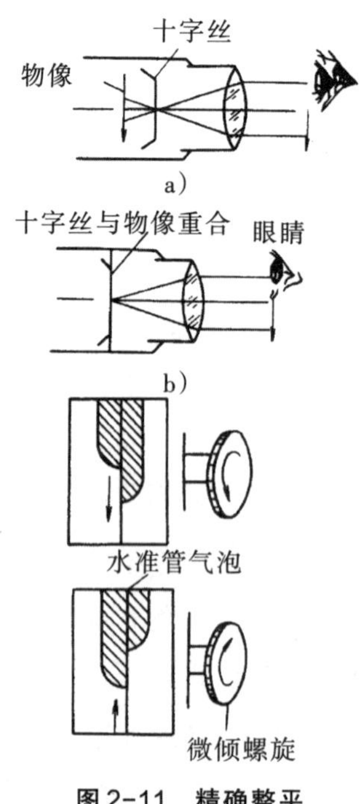

图2-11　精确整平

(5)读数

目的:在标尺竖直、气泡居中、方向正确的前提下,读取中横丝截取的尺面数字。

操作:读数前,应判明水准尺的注记、分划特征和零点常数,以免读错。读数时,以“dm”注记为参照点,先读出注记的“m”数和“dm”数(如1.8 m),再数读出“cm”数(如8 cm),最后估读不足1 cm的“mm”数(如3 mm),综合起来即为4位全读数(如1.883 m)。读数时,水准尺的影像无论倒字还是正字,一律按从小向大的方向读数,读足4位,不要漏0(如,1.005 m,1.050 m),不要误读(如将6误读为9)。如图2-12所示,标尺读数为1.464 m。另外,精平后应马上读数,速度要快,以减少气泡移动引起的读数误差。

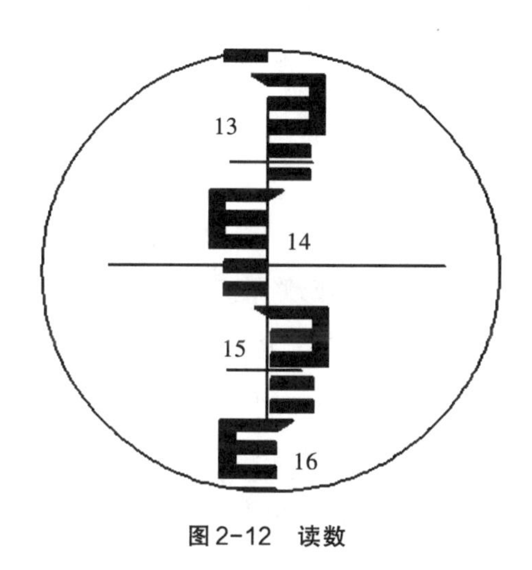

图2-12　读数

二、任务实施

实训项目:水准仪的操作与读数。

1. 实训目的

(1)熟练掌握水准仪架设操作技能。

(2)熟练掌握水准测量读数技能。

2. 实训内容

(1)熟悉并掌握水准尺分划与注记。

(2)练习水准仪粗平、瞄准、调焦、消除视差、精平和读数等操作。

3. 实训仪器和工具

DS 3型水准仪1台、尺垫1只、双面水准尺1副、DS三脚架1副、记录板1块、铅笔1支。

4. 实训要求及注意事项

(1)要求每个成员必须独立完成水准仪操作并读出红、黑面尺数字和扶尺子工作。

(2)读数前,请注意消除视差和确保复合气泡影像左右吻合、稳定(DZS显示窗中全绿色为佳)。

(3)记录者计数前必须复述一遍读数,以资校核。

(4)严格遵守"仪器的正确使用和爱护"规则。

5. 实训步骤

(1)在测站上架设好三脚架。

(2)开箱,取出仪器并安置水准仪,完成整平工作。

(3)由扶尺子的同学带好尺垫、水准尺,从测站出发沿既定方向走100步,在此设置测点。注意将注记为零刻划的尺端朝下,扶直水准尺,将黑面对准测站。

(4)目镜调焦:转动望远镜照准部,粗略瞄准水准尺,制动并调整目镜使十字丝最清晰。

(5)物镜调焦:调整对光螺旋,使目标最清晰;同时眼睛微微上下移动,至十字丝中丝处读数无变化为止。

(6)转动微动螺旋,使竖丝与水准尺错位刻划中线相切。若尺子未扶正,应指挥扶尺子的同学进行调整。

(7)精确整平:调整微倾螺旋,使复合气泡两侧的半圆吻合、稳定。

(8)准确、迅速地读数并记录。本次实训读数时,估读的数统一取偶数。

(9)打手势指挥扶尺子的同学将红面尺对准测站,重复步骤(6)(7)(8)为操作。

(10)操作完毕,将仪器入箱,按照观测者—扶尺者—记录者—观测者交换工作,重复以上操作,直到本次实训结束。

任务二　水准测量实施

◎学习目标:通过学习和实训,要求理解水准点的概念,掌握水准路线的布设形式,水准路线施测的方法,水准路线结果的计算。

◎技能标准及要求:掌握水准路线外业施测的方法,掌握水准路线内业的计算。

一、知识储备

1. 水准点与水准路线

(1)水准点

水准测量通常是从水准点开始,引测其他点的高程。水准点是国家测绘部门为了统一全国的高程系统和满足各种需要,在全国各地埋设且测定了其高程的固定点。这些已知高程的固定点称为水准点,常用BM表示。水准点有永久性和临时性两种。国家等级水准点如图2-13(a)所示,一般用整块的坚硬石料或混凝土制成,深埋到地面冻结线以下,在标石顶面设有用不锈钢或其他不易锈蚀的材料制成的半球状标志。有些水准点也可设置在稳定的墙脚上,称为墙上水准点,如图2-13(b)所示。

建筑工地上的永久性水准点一般用混凝土或钢筋混凝土制成,其式样如图2-13(c)所示;临时性水准点可用地面上突出的坚硬岩石或大木桩打入地下,桩顶钉入半球形铁钉,如图2-13(d)所示。

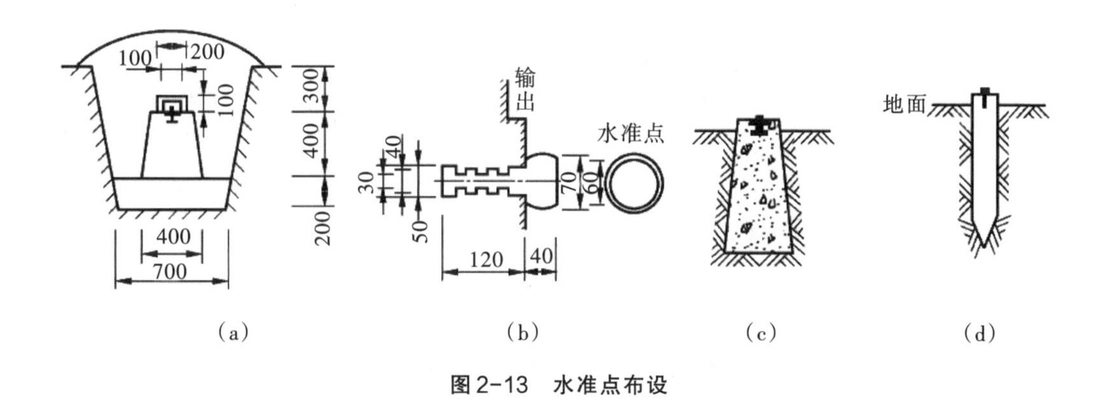

图2-13　水准点布设

埋设水准点后,应绘出水准点附近的草图。在图上还要写明水准点的编号和高程,称为点之记,以便于日后寻找和使用。

(2)水准路线

水准测量进行的路径称为水准路线。根据测区情况和需要,工程建设中水准路线可布设成以下形式。

①闭合水准路线

如图2-14(a)所示,从一已知高程点BM_A出发,沿线测定待定高程点1,2,3,…的高程后,最后闭合在BM_A上。这种水准测量路线称为闭合水准路线,多用于面积较小的块状测区。

②附合水准路线

如图2-14(b)所示,从一已知高程点BM_A出发,沿线测定待定高程点1,2,3,…的高程后,最后到另一个已知高程点BM_B。这种水准测量路线称为附合水准(路线),多用于带状测区。

③支水准路线

如图2-14(c)所示,从一已知高程点BM_A出发,沿线测定待定高程点1,2,3,…的高程后,既不闭合又不符合在已知高程点上。这种水准测量路线称为支水准(路线)或支线水准,多用于测图水准点加密。

④水准网

如图2-14(d)所示,由多条单一水准路线相互连接而成的网状图形称为水准网。其中BM_A,BM_B为高级点,C,D,E,F等为结点,多用于面积较大测区。

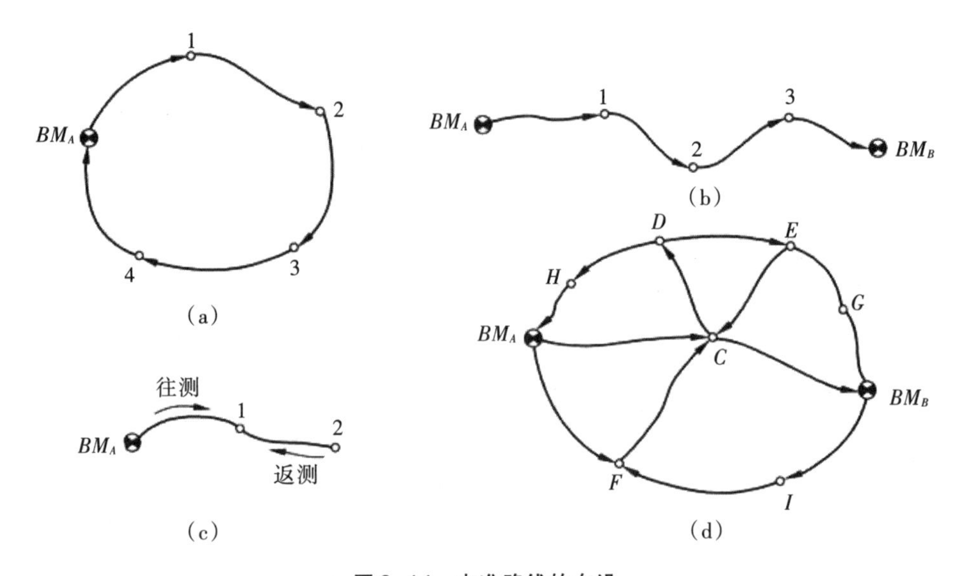

图2-14 水准路线的布设

2. 水准测量的实施

(1)一般要求

作业前应选择适当的仪器、标尺,并对其进行检验和校正。三、四等水准和图根控制用DS 3型仪器和双面尺,等外水准配单面尺。一般性测量采用单程观测,作为首级控制或支水准路线测量必须往返观测。等级水准测量的仪尺距、路线长度等必须符合规范要求。测量应尽可能采用中间法,即仪器安置在距离前、后视尺大致相等的位置。

(2)施测程序

当欲测高程点距水准点较远或高差很大时,需要连续多次安置仪器测出两点的高差。如图2-15,水准点A的高程为7.654 m,现拟测量B点的高程。其观测步骤如下:

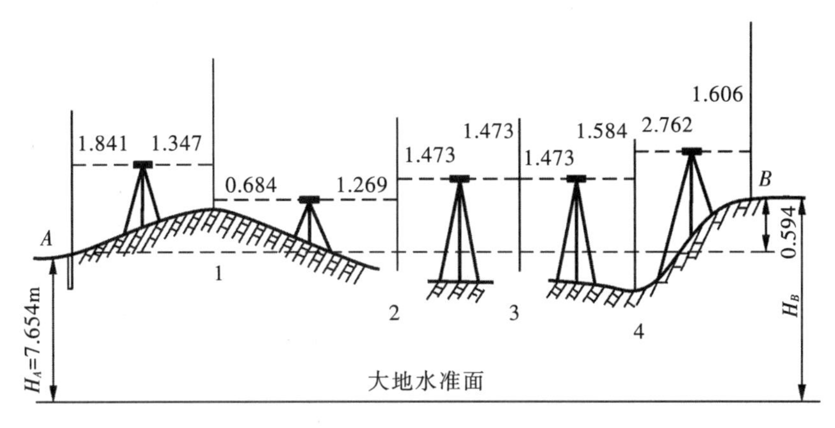

图2-15　水准路线的施测

在离A点100~200 m处选定点1,在点A与点1两点上分别竖立水准尺。在距点A和点1大致等距处安置水准仪。用圆水准器将仪器粗略整平后,后视A点上的水准尺,精平后读数得1.481 m,记入表2-1观测点A的后视读数栏内。旋转望远镜,前视点1上的水准尺读数为1.347 m,记入点1的前视读数栏内。后视读数减去前视读数得高差为0.134 m,记入高差栏内。

表2-1　水准测量手簿

日期________仪器________观测者______

天气________地点________记录者______

测站	测点	水准尺读数		高差(m)		高程(m)	备注
		后视(a)	前视(b)	+	−		
Ⅰ	A	1.481		0.134		7.654	
	1	0.684	1.347				
Ⅱ					0.585		
	2	1.473	1.269				
Ⅲ				0			
	3	1.473	1.473				
Ⅳ					0.111		
	4	2.762	1.584				
Ⅴ				1.156			
	B		1.606			8.248	
计算检核	$\sum a=7.873$		$\sum b=7.279$	1.290	0.696		
	$\sum a-\sum b=+0.594$			$\sum h=+0.594$			

完成上述一个测站上的工作后，点1上的水准尺不动，把A点上的水准尺移到点2，仪器安置在点1和点2之间，按照上述方法观测和计算，逐站施测直至B点。

显然，每安置一次仪器，便测得一个高差，即

$$h_1 = a_1 - b_1$$

$$h_2 = a_2 - b_2$$

$$\cdots$$

$$h_5 = a_5 - b_5$$

将各式相加，得

$$\sum h = \sum a - \sum b$$

则B点的高程为：

$$H_B = H_A + \sum h \tag{2-6}$$

由上述可知，在观测过程中，点1，2，3，4仅起到传递高程的作用，这些点称为转点，常用T.P表示。

施测全过程的高差、高程计算和检核，均在水准测量记录手簿（表2-1）中进行。

3. 水准测量的检核

（1）测站检核

每站水准测量时，观测的数据错误，将导致高差和高程计算错误。为保证观测数据的正确性，通常采用双仪高法或双面尺法进行测站检核。不合格者，不得搬站；等级水准尤其如此。

①变动仪器高法

此法是在同一个测站上变换仪器高度（一般将仪器升高或降低10 cm左右）进行测量，用测得的两次高差进行检核。如果测得的两次高差之差不超过容许值（例如，等外水准容许值为5 mm），则取其平均值作为最后结果，否则必须重测。

②双面尺法

这种方法是使此仪器高度不变，而用水准尺的黑、红面两次测量高差进行检核。两次高差之差的容许值与变动仪器高法相同。

（2）成果检核

上述检核仅限于读数误差和计算错误，不能排除其他诸多误差对观测结果的影响。例如，转点位置移动、标尺或仪器下沉等，造成误差积累，使得实测高差$\sum h_{测}$与理论高差$\sum h_{理}$不

相符，存在一个差值，称为高差闭合差，用f_h表示。即

$$f_h = \sum h_{测} - \sum h_{理} \tag{2-7}$$

因此，必须对高差闭合差进行检核。如果f_h满足：

$$f_h \leqslant f_{h容} \tag{2-8}$$

表示测量成果符合精度要求，可以应用；否则必须重测。式中，$f_{h容}$称为容许高差闭合差，在相应的规范中有具体规定。例如《工程测量规范》规定：图根水准测量时，

$$平地：f_{h容} = \pm 40\sqrt{L}\ \text{mm} \tag{2-9}$$

$$山地：f_{h容} = \pm 12\sqrt{n}\ \text{mm} \tag{2-10}$$

式中，L为往返测段、附合或闭合水准线路长度，以km计；n为单程测站数，$f_{h容}$以mm计。高差理论值$\Sigma h_{理}$分别按式(2-11)、式(2-13)和式(2-15)求得。

4. 水准测量的成果处理

(1)闭合水准

由于路线的起点与终点为同一点，其高差Σh的理论值应为0，即

$$\sum h_{理} = 0 \tag{2-11}$$

代入式(2-7)，得：

$$f_h = \sum h_{测} \tag{2-12}$$

然后按式(2-8)进行外业计算的结果检核，验算f_h是否符合规范要求。验算通过后，方能进入下一步高差改正数的计算。否则，必须进行补测，达到要求为止。

(2)附合水准路线的结果检核

由于路线的起、终点A，B为已知点，两点间高差观测值$\Sigma h_{测}$的理论值应为：

$$\sum h_{理} = H_{终} - H_{始} \tag{2-13}$$

代入式(2-7)，得：

$$f_h = \sum h_{测} - (H_{终} - H_{始}) \tag{2-14}$$

式中：$H_{终}$为终点水准点的高程；$H_{始}$为始点水准点的高程。

同理，按式(2-8)对外业的成果进行检核，通过后方能进入下一步计算。

(3)支线水准

由于路线进行往返观测，高差$\Sigma h_{往}-(-\Sigma h_{返})$的理论值应为：

$$\Sigma h_{理} = 0 \tag{2-15}$$

代入式(2-7)，得：

$$f_h = \Sigma h_{往} + \Sigma h_{返} \tag{2-16}$$

同理，按式(2-8)对外业的结果进行检核，通过后方能进入下一步计算。

5. 水准测量的内业计算

水准测量外业结束之后，即可进行内业计算。计算之前，应复查外业手簿中各项观测数据是否符合要求，高差计算是否正确。水准测量内业计算的目的是调整整条水准路线的高差、闭合差及计算各待定点的高程。下面以闭合水准路线为例，讲解水准测量的内业计算方法。

水准点A和待定高程点1、点2、点3组成一闭合水准路线。各测段高差及测站数如图2-16所示。

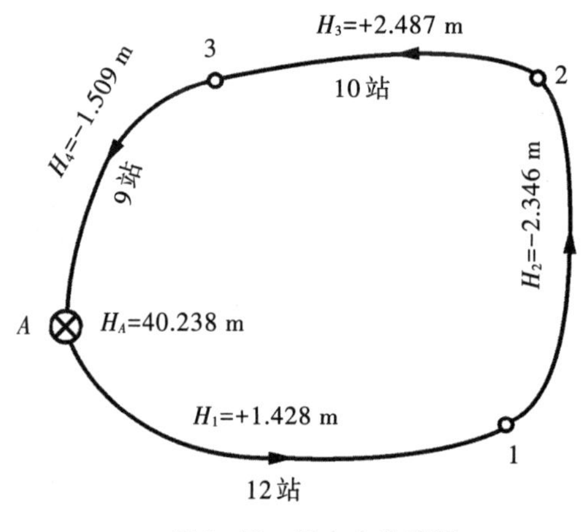

图2-16　闭合水准路线

内业计算的方法和步骤如下。

(1)将观测数据和已知数据填入计算表格(表2-2)

表2-2　水准测量内业计算表

点号	测段中测站数	实测高差（m）	改正数（mm）	改正后高差（mm）	高程（m）	点号
A					40.238	A
	12	+1.428	−16	+1.412		
1					41.650	1
	14	−2.346	−19	−2.365		
2					39.285	2
	10	+2.487	−13	+2.474		
3					41.759	3
	9	−1.509	−12	−1.521		
A					40.238	A
	45	+0.060	−60	0.000		
?						
辅助计算	$f_{h容}=\pm12\sqrt{n}=\pm12\sqrt{45}=\pm80$ mm					
	$\lvert f_h\rvert<\lvert f_{h容}\rvert$　成果合格					

将图2-16中的点号、测站数、观测高差与水准点A的已知高程数字填入有关栏内。

(2)计算高差闭合差

根据式(2-12)计算得闭合水准路线的高差闭合差,即

$$f_h = \sum h_{测} = +0.060\ \text{m} = +60\ \text{mm}。$$

(3)计算高差容许闭合差

$$f_{h容} = \pm 12\sqrt{n} = \pm 80\ \text{mm}。$$

$|f_h| < |f_{h容}|$,说明观测成果合格。

(4)高差闭合差的调整

在整条水准路线上,由于各测站的观测条件基本相同,可认为各站产生误差的机会也是相等的。故闭合差的调整按与测站数(或距离)成正比例反符号分配的原则进行,即

$$v_i = \frac{-f_h}{\sum L} \cdot L_i 或 v_i = \frac{-f_h}{\sum n} \cdot n_i \tag{2-17}$$

式中:L为水准路线的总长度;L_i为第i测段路线长度;n为水准路线的总测站数;n_i为第i测段测站数。

高差改正数的计算检核为:

$$\sum v_i = -f_h \tag{2-18}$$

本例中,测站数n=45,则第一段至第四段高差改正数分别为:

$$v_1=-16\ \text{mm}$$

$$v_2=-19\ \text{mm}$$

$$v_3=-13\ \text{mm}$$

$$v_4=-12\ \text{mm}$$

把改正数填入改正数栏中,改正数总和应与闭合差大小相等、符号相反,并以此作为计算检核。

(5)计算改正后的高差

各段实测高差加上相应的改正数,得改正后的高差,填入改正后高差栏内。改正后高差的代数和应等于零,以此作为计算检核。

(6)计算待定点的高程

由A点的已知高程开始,根据改正后的高差,逐点推算点1、点2、点3的高程。算出三点的高程后,应再推回A点,其推算高程应等于已知A点高程;如不等,则说明推算有误。

二、任务实施

实训项目:闭合水准测量。

1. 实训目的

(1)熟悉水准仪各部件的结构和作用。

(2)巩固安置、整平水准仪、调焦、瞄准目标及读数等操作技能。

(3)掌握一般闭合水准路线测量方法。

(4)掌握闭合水准测量的内业计算。

2. 实训仪器及工具

每组:DS 3型水准仪1台、水准尺1对、尺垫3块、DS三脚架1副。

3. 预习和准备

学习闭合水准路线结果计算步骤。

4. 实训要求

(1)每人独立完成仪器的安置、整平、检验等基本操作,完成一个测站测量工作,并进行测站校核(双面尺法或变仪器高度法)。

(2)仪器到水准尺距离不得大于80 m,两视距差不大于5 m。

(3)记录员计数时应复报一次以资校核。

(4)每次读数时,必须使复合气泡两半像严格吻合。

(5)双面尺法中以黑面(基本分划尺)读数为准,计入实验报告中运算。

(6)记录有误时不得涂改或擦拭,应用斜线将错误的数字划掉,并在其上书写正确的数据。

5. 实训步骤

(1)布点。在较适合的地方根据已知的水准点布设一闭合水准测量路线,各测点间两两相互通视,给各测点命名并做好标志,画出该闭合水准路线的草图。

(2)设置测站。在每测段,先在两测点上安置水准尺,后目测选取测站点,要求与两测点通视且视距基本相等。视距由一名学生用数步法来进行验测。

(3)测站观测。在测站处安置好水准仪后,两测点上水准尺黑面(红面)朝向仪器竖直扶稳，开始水准测量读数观测，要求每测段进行两组以上的观测，两组计算出的高差互差≤±3 mm为合格，取其中一组数据填入手册中。

(4)高差闭合差验算。当整个闭合水准路线测量完成后，要求现场进行高差闭合差验算。验算合格后，才能结束本次实训；否则，应查出错误后进行重新测量，直到合格为止。

(5)清点仪器工具，结束本次实训。

6. 实训报告：闭合水准路线水准测量（表2-3）

表2-3　闭合水准路线水准测量手簿

日期________仪器________观测者______

天气________地点________记录者______

<table>
<tr><th>测站</th><th>点号</th><th>后视读数(m)</th><th>前视读数(m)</th><th>实测高差(m)</th><th>改正数(mm)</th><th>改正后的高差(m)</th><th>高程(m)</th></tr>
<tr><td>Ⅰ</td><td>1</td><td></td><td></td><td></td><td></td><td></td><td>5.689</td></tr>
<tr><td>Ⅱ</td><td>2</td><td></td><td></td><td></td><td></td><td></td><td></td></tr>
<tr><td>Ⅲ</td><td>3</td><td></td><td></td><td></td><td></td><td></td><td></td></tr>
<tr><td>Ⅳ</td><td>4</td><td></td><td></td><td></td><td></td><td></td><td></td></tr>
<tr><td>Ⅴ</td><td>5</td><td></td><td></td><td></td><td></td><td></td><td></td></tr>
<tr><td>Ⅵ</td><td>1</td><td></td><td></td><td></td><td></td><td></td><td rowspan="2">5.689</td></tr>
<tr><td>Σ</td><td></td><td></td><td></td><td></td><td></td><td></td></tr>
</table>

任务三　高程测设

◎学习目标：通过学习和实训，要求掌握通过水准仪进行已知高程的引测方法与步骤。

◎技能标准及要求：通过学习和实训，要求掌握通过水准仪进行已知高程的引测方法与步骤，要求测量结果符合精度要求。

一、知识储备

1. 地面上测设已知高程点

根据已知水准点，在地面上标定出某设计高程的工作，称为已知高程测设。如图2-17所示，在某设计图纸上已确定建筑物的室内地坪高程为$H_{设}$=21.500 m，附近有一水准点A，其

高程为 H_A=20.950 m。现在要把该建筑物的室内地坪高程放样到 B 点的木桩上，作为施工时控制高程的依据。其方法如下：

（1）安置水准仪于 A，B 点之间，在 A 点竖立水准尺，测得后视读数为 a=1.675 m。

（2）在 B 点处设置木桩，在 B 点木桩侧面竖立水准尺。

（3）计算：视线高 Hi 和 B 点水准尺应读数 $b_{应}$ 为：

$$H_i = H_A + a = 20.950 + 1.675 = 22.625(\mathrm{m})$$

$$b_{应} = H_i - H_{设} = 22.625 - 21.500 = 1.125(\mathrm{m})$$

（4）上下移动 B 点的水准尺，当水准仪视线在水准尺上截取的读数恰好等于 1.125 m时，紧靠尺底在木桩侧面画一道横线，此线位置即是设计高程的位置 c。

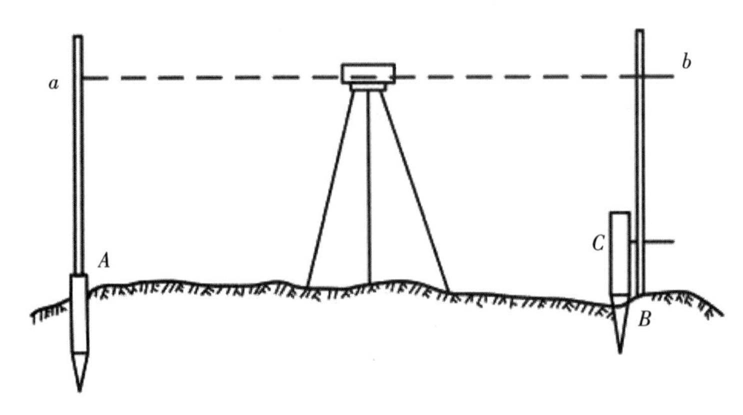

图 2-17　高程测设

2. 高程传递测设

在深基坑内或在较高的楼层面上测设高程时，水准尺的长度不够。这时，可在坑底或楼层面上先设置临时水准点，然后将地面高程点传递到临时水准点上，再放样所需高程。

如图 2-18 所示，欲根据地面水准点 A 测设坑内水准点 B 的高程，可在坑边架设吊杆，杆顶吊一根零点向下的钢尺，尺的下端挂上重锤，在地面和坑内各安置 1 台水准仪。则 B 点的高程为：

$$H_B = H_A + a_1 - (b_1 - a_2) - b_2$$

式中，a_1，a_2，b_1，b_2 为钢尺和水准尺的读数。然后，改变钢尺悬挂位置，再次观测，以便检核。

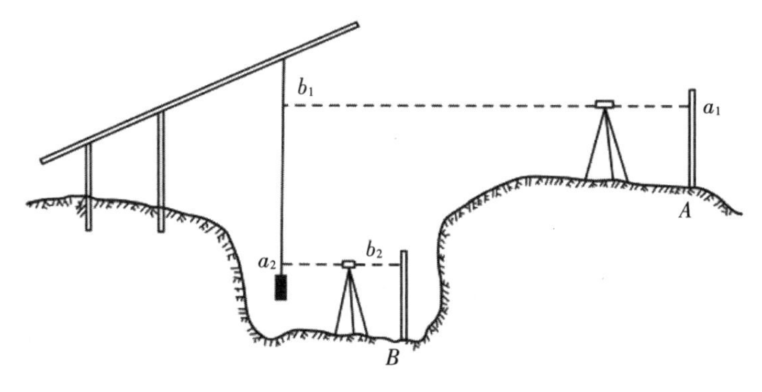

图 2-18　高程传递测设

二、任务实施

实训项目:测设已知高程。

1. 实训目的

(1)熟悉水准仪的使用方法。

(2)掌握测设已知高程点的方法。

2. 实训仪器及工具

DS 3 水准仪 1 台、水准尺 1 把。

3. 实训任务

每组完成若干个已知高程点的测设任务。

4. 实训步骤与要求

(1)选点

在实习场地选定 BM_A, B 两点,已知水准点 BM_A 的高程为 H_A116.347 m,设计 B 点高程 H_B =115.236 m。

(2)计算水准仪视线高程

在 BM_A 点和 B 点之间安置水准仪,读取 BM_A 点上水准尺的读数为 a,则:

$$H_i = H_A + a。$$

(3)计算前视水准尺尺底为设计高程时的水准尺读数

$$b = H_i - H_B。$$

(4)确定测设点的准确位置

前视尺紧贴木桩，上下慢慢移动，当前视读数为b时，尺底位置即为要测设高程点的位置。

5. 实训记录

测设已知高程点外业记录表，见表2-4。

表2-4　测设已知高程点外业记录表

日期________仪器________观测者______

天气________地点________记录者______

高程测设	BM_A点高程H_A =	b　a　H_B　H_A　大地水准面
	BM_B点高程H_B =	
	后视读数a =	
	前视读数b =	

任务四　水准仪的检验与校正

一、知识储备

由前述可知，水准仪有视准轴$C-C$、圆水准器轴$L'-L'$、水准管轴$L-L$、仪器竖轴$V-V$，如图2-19所示。水准仪能提供一条水平视线，其相应轴线间必须满足以下几个条件：

(1)圆水准器轴应平行于竖轴，即$L'L'/\!/VV$。

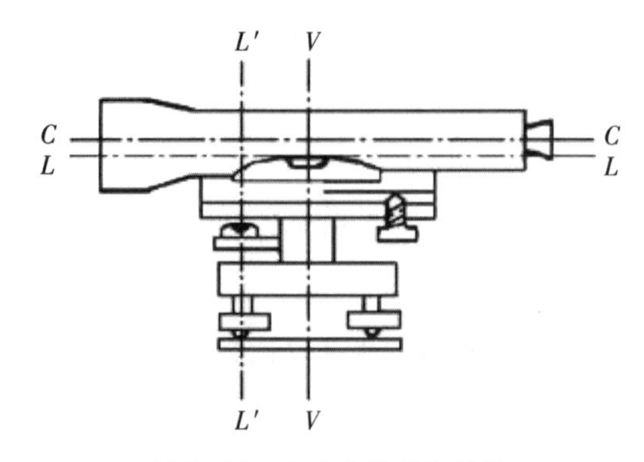

图2-19　水准仪的几何轴线

(2)十字丝中横丝应垂直于竖轴。

(3)水准管轴应平行于视准轴,即$LL /\!/ CC$。

仪器出厂前,虽经过严格检验,但受到搬运、长期使用、震动等因素的影响,可能使这几个条件发生了变化。为此,测量之前应对上述条件进行必要的检验与校正。

1. 圆水准器的检验和校正

目的:使圆水准器轴平行于仪器竖轴。当圆水准器气泡居中时,竖轴位于铅垂位置。

检验方法:旋转脚螺旋使圆水准器气泡居中,然后将仪器上部在水平方向绕竖轴旋转180°。若气泡仍居中,则表示圆水准器轴已平行于竖轴;若气泡偏离中央,则需进行校正。

校正方法:用脚螺旋使气泡向中央方向移动偏离量的一半,然后拨动圆水准器的校正螺旋使气泡居中。由于拨动一次不易使圆水准器校正得很完善,所以需重复上述的检验和校正,使仪器上部旋转到任何位置气泡都能居中。

检验原理:如图2-20所示,设$L'L'$与VV不平行,且存在一个交角α。

仪器粗平:气泡居中后,$L'L'$处于铅垂,VV相对与铅垂线倾斜α角,如图2-20(a)所示。望远镜绕VV转180°,$L'L'$保持与VV的交角α绕VV旋转,于是$L'L'$相对于铅垂线倾斜2α角,如图2-20(b)所示。校正时,用脚螺旋使气泡退回偏离值的一半,此时VV处于铅垂,消除一个α角,如图2-20(c)所示。而后拨校正螺丝使气泡居中,则$L'L'$也处于铅垂位置,再消除一个α角。于是$L'L' /\!/ VV$的目的就达到了,如图2-20(d)所示。

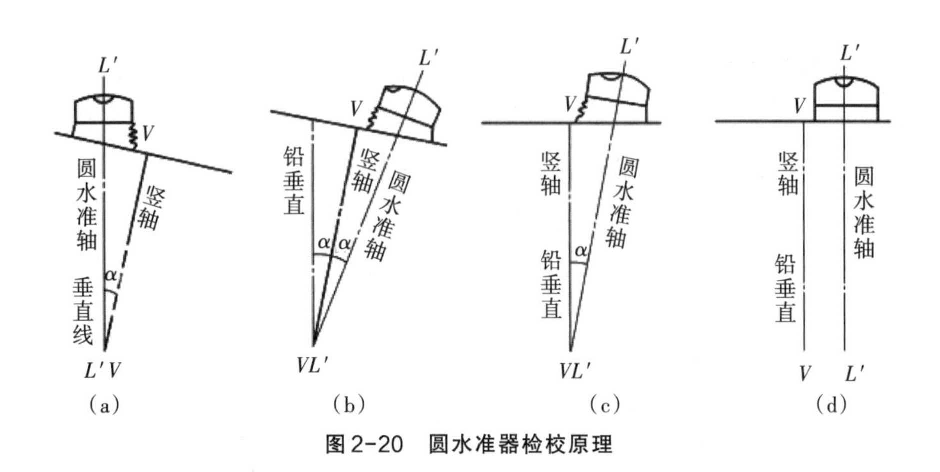

图2-20　圆水准器检校原理

2. 十字丝横丝的检验和校正

目的:使十字丝的横丝垂直于竖轴。这样,当仪器粗略整平后,横丝基本水平,横丝上任意位置所得读数均相同。

检验方法:先用横丝的一端照准一固定的目标或在水准尺上读一读数。然后用微动螺旋转动望远镜，用横丝的另一端观测同一目标或读数。如果目标仍在横丝上或水准尺上读数不变，如图2-21(a)(b)所示，说明横丝已与竖轴垂直；若目标偏离了横丝或水准尺读数有变化，如图2-21(c)(d)所示，则说明横丝与竖轴没有垂直，应予校正。

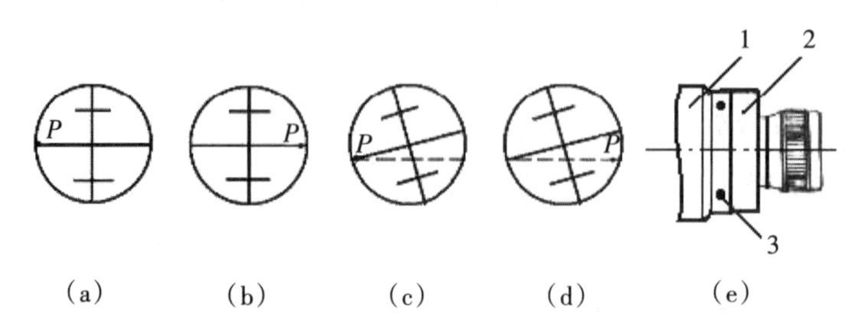

1.物镜筒；2.目镜筒；3.目镜筒固定螺钉

图2-21　十字丝的检验与校正

校正方法：打开十字丝分划板的护罩，可见到三个或四个分划板的固定螺丝，如图2-21(e)所示。松开这些固定螺丝，用手转动十字丝分划板座，反复试验使横丝的两端都能与目标重合，或使横丝两端所得水准尺读数相同，则校正完成。最后旋紧所有固定螺丝。

校正原理：若横丝垂直于竖轴，横丝的一端照准目标后，当望远镜绕竖轴旋转时，横丝在垂直于竖轴的平面内移动，所以目标始终与横丝重合。若横丝不垂直于竖轴，望远镜旋转时，横丝上各点不在同一平面内移动。因此目标与横丝的一端重合后，在其他位置的目标将偏离横丝。

3. 水准管轴的检验和校正

目的：使水准管轴平行于视准轴。当水准管气泡居中时，视准轴就处于水平位置。

检验方法：如图2-22所示，假设视准轴不与水准管轴平行，它们之间的夹角为i。当水准管气泡居中，即水准管轴水平时，视线倾斜i角。图中设视线上倾，由于i角对标尺读数的影响与距离成正比，当前、后视距相等时(即$D_A=D_B$)，i角影响得以抵消，则正确高差为：

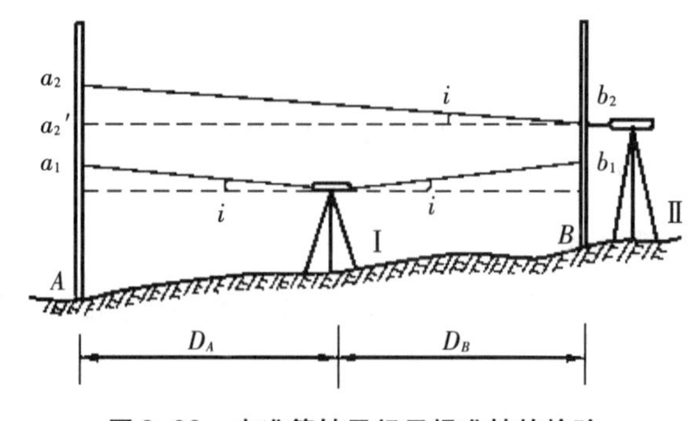

图2-22　水准管轴平行于视准轴的检验

$$h_{AB} = a_1 - b_2$$

因此，检验时先将仪器置于两水准尺中间等距处，测得两立尺点间的正确高差。然后将仪器安置于A点或B点附近（3 m左右），如将仪器搬至B点附近，则读得B尺上读数为b_2。因为此时仪器离B点很近，i角的影响很小，可忽略不计。故认为b_2为正确的读数，并用公式：

$$a_2' = b_2 + h_{AB}$$

可计算出A尺上应读得的正确读数a_2'（即视线水平时的读数）。然后瞄准A尺读得读数a_2，若$a_2=a_2'$，则说明条件满足；否则存在i角，其值为：

$$i = \frac{\Delta a}{D_{AB}}\rho$$

式中，$\Delta a=a_2-a_2'$，$\rho=206265''$。

对于DS 3水准仪，i值应小于20″；如果超限，则需校正。

校正转动微倾螺旋，使中丝读数对准a_2'，此时视准轴处于水平位置，但水准气泡却偏离了中心。拨动水准管上、下两个校正螺丝（图2-23），使它一松一紧，直至气泡居中（符合水准器两端气泡影像重合）为止。

此项检校需反复进行，直至达到要求为止。

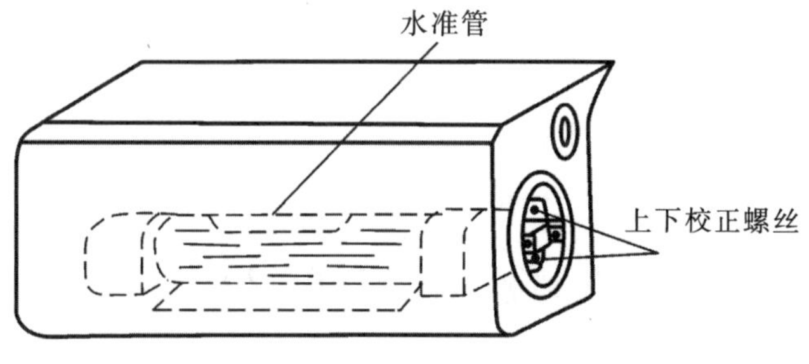

图2-23　水准管校正螺丝

二、任务实施

实训项目：水准仪的检验。

1. 实训目的

（1）了解水准仪各部件的结构、作用和几何关系。

（2）掌握水准仪的安置和基本操作。

（3）掌握水准仪的检验方法和标准。

（4）熟悉水准仪的安全保管工作。

2. 实训内容

(1)水准仪的安置。

(2)水准仪的整平。

(3)熟悉水准仪各部件功用。

(4)水准仪各项检验。

3. 实训仪器及工具

DS 3型水准仪1台、DS三脚架1副、水准尺1对、尺垫1对。

4. 预习和准备

了解水准仪的构造,掌握水准仪的基本操作程序。

5. 实训注意事项

(1)严格按照仪器的开箱、取用、安置、操作、运输、还入箱等有关规定操作和使用水准仪。

(2)要求人人动手。

(3)主动积极配合指导老师的工作,做好本次实训。

6. 实训步骤

(1)架设三脚架,确保三脚架面部水平,高度与人的胸部齐平。然后稳定三脚架(压入地下少许)。

(2)开箱、取出水准仪,固定水准仪于三脚架顶部。

(3)粗平:旋转望远镜,使圆水准器位于两脚螺旋连线的垂直平分线位置,左、右手同时调整该线上两脚螺旋,使气泡向该连线中心移动,移动到中心后再用左(右)手调整剩下的另一个脚螺旋(切勿再移动已调好的两脚螺旋),使气泡进入圆水准器中心位置即可。

(4)圆水准器的检验:旋转望远镜180°,检验圆水准器是否居中。若不居中,重复步骤(3)的操作,直至气泡居中;若仍不能居中,请报告实训指导教师。

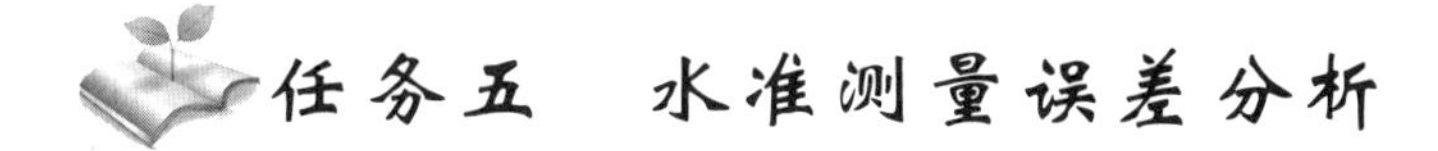

任务五　水准测量误差分析

知识储备

测量仪器制造不可能尽善尽美，经检验校正也不可能完全满足理想的几何条件；同时，由于观测人员感官的局限和外界环境因素的影响，使观测数据不可避免地存在误差。为了保证应有的观测精度，测量工作者应对测量误差产生的原因、性质及防止措施有所了解，以便将误差控制在最小。测量误差主要来源于仪器误差、观测误差和外界环境因素影响等三个方面。水准测量也不例外。

1. 仪器误差

(1)视准轴不平行水准管轴的误差

仪器经校正后，仍有残余误差；当仪器受震或使用日久，两轴线间会产生微小i角。即使水准管气泡居中，视线也不会水平，从而在标尺上的读数产生误差。i角产生的影响，采用前后视距相等（即“中间法”）观测，可以消除其影响。

(2)水准尺的误差

这项误差包括尺长误差、分划误差和零点误差，它直接影响读数和高差的精度。经检定不符合尺长误差、分划误差规定要求的水准尺应禁止使用。尺长误差较大的尺，对于精度要求较高的水准测量，应对读数进行尺长误差修正。零点误差是由于尺底不同程度磨损而造成的，成对使用的水准尺可在测段内设偶数站消除。这是因为水准尺前后视交替使用，相邻两站高差的影响值大小相等、符号相反。

2. 观测误差

(1)水准管气泡居中的误差

水准测量读数前，必须使水准管气泡严格居中。由于水准管内壁的黏滞作用和观测者眼睛分辨能力的局限，使气泡未严格居中，从而产生误差。

(2)估读误差

观测者用望远镜在标尺上估读不足分划值的微小读数，产生的估读误差与人眼分辨能力（一般为$60''$）、视线长度D、望远镜放大倍率V有关。

(3)水准尺倾斜的误差

水准尺左右倾斜，在望远镜中容易发现，可及时纠正。水准尺只要倾斜读数就是变大的。

由上可知，观测误差对测量结果的影响较大，而且是不可避免的偶然误差。因此，观测者应按操作规程认真操作，快速观测，准确读数，借助标尺的水准器立直标尺。同时仔细调焦，消除视差，以尽量减小观测误差的影响。

3. 外界环境因素的影响

(1)地球曲率和大气折光的影响

地球曲率和大气折光的影响，可用“中间法”消除或削弱。精度要求较高的水准测量还应该选择良好的观测时间(一般为日出后或日落前2小时)，并控制视线高出地面一定高度和视线长度，来减小其影响。

(2)仪器和水准尺升降的影响

在观测过程中，由于仪器的自重，随时会下沉或由于土壤的弹性会使仪器上升，从而使得读数减小或增大。如果往测上坡使高差增大，则返测下坡使高差减小，取往返高差平均数可削弱其影响。对一个测站进行往返观测，就意味着观测程序的改变，按“后、前、前、后”的观测程序取高差平均值，也能削弱其影响。因此，观测时选择坚实的地面作为测站和转点，踏实脚架和尺垫，缩短测站观测时间，采取往返观测等，可以减小此项影响。

(3)大气温度和风力的影响

温度不规则变化、较大的风力，会引起大气折光变化，致使标尺影像跳动，难以读数。温度变化也会影响仪器的几何条件变化，烈日直射仪器会影响水准管气泡居中等，导致产生测量误差。因此，水准测量时应选择有利的观测时间，在观测时应撑伞遮阳，避免仪器日晒雨淋，以减小影响。

项目三　角度测量

任务一　经纬仪的构造与操作

◎学习目标:通过本项目的学习和实训,要求熟悉经纬仪的构造,掌握经纬仪的操作,掌握水平角、竖直角的原理和观测方法。

◎技能标准及要求:熟练掌握经纬仪的操作步骤,熟练使用经纬仪观测水平角和竖直角并控制精度。

一、知识储备

1. 经纬仪的分类

我国生产的经纬仪,按精度可分为DJ07,DJ1,DJ2,DJ6,DJ15和DJ60等型号,其中"D""J"分别为"大地测量""经纬仪"的汉语拼音第一个字母;07,1,…,60表示仪器的精度等级,即水平方向测量"一测回的方向中误差",单位为s。"DJ"常简写为"J"。

按读数设备分,目前使用的有光学经纬仪和电子经纬仪两类。电子经纬仪作为一种现代测绘仪器,在生产上得到了广泛的应用。而光学经纬仪目前仍是工程测量中常用的一种测角仪器。下面重点介绍最常用的DJ6光学经纬仪。

2. DJ6光学经纬仪的基本构造

图3-1为DJ6光学经纬仪。不同型号的光学经纬仪,其外形和各螺旋的形状、位置不尽相同,但基本结构相同,一般都包括照准部、水平度盘和基座三大部分。

(1)照准部

照准部主要由望远镜、支架、旋转轴(竖轴)、望远镜制动螺旋、望远镜微动螺旋、照准部制动螺旋、照准部微动螺旋、竖直度盘、读数设备、水准管和光学对中器等组成。望远镜用于瞄准目标,其构造与水准仪相同。望远镜与横轴固连在一起,安放在支架上,望远镜可绕仪器横轴做上下转动，视准轴所扫出的面为一竖直面。望远镜制、微动螺旋用于控制望远镜的上下转动。竖直度盘固定在望远镜横轴的一端，随同望远镜一起转动，用于观测竖直角。借助支架上的竖盘指标、水准管微动螺旋可调节竖盘指标水准管气泡居中，以安置竖盘指标于正确位置。读数设备包括读数显微镜，以及光路中一系列光学棱镜和透镜。仪器的竖轴处在管状轴套内，可使整个照准部绕仪器竖轴做水平转动。照准部制、微动螺旋用于控制照准部水平方向转动。水准器用于精确整平仪器。光学对中器用于调节仪器，使水平度盘中心与地面点位于同一铅垂线上。

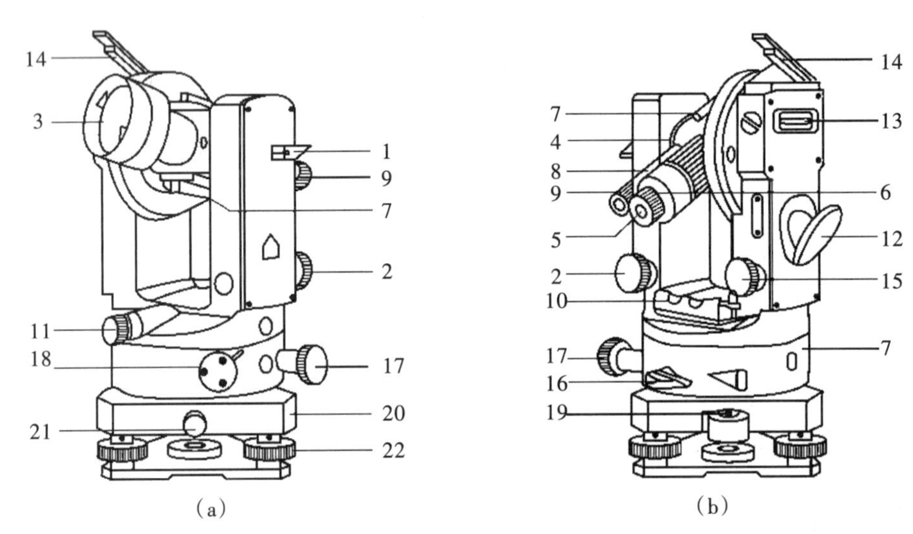

1. 望远镜制动螺旋；2. 望远镜微动螺旋；3. 物镜；4. 物镜调焦螺旋；5. 目镜；6. 目镜调焦螺旋；7. 瞄准器；8. 度盘读数显微镜；9. 度盘读数显微镜调焦螺旋；10. 照准部水准管；11. 光学对中器；12. 度盘照明反光镜；13. 竖盘指标水准管；14. 竖盘指标水准管观察反射镜；15. 竖盘指标水准管微动螺旋；16. 水平制动螺旋；17. 水平微动螺旋；18. 水平度盘变换手轮；19. 基座圆水准器；20. 基座；21. 轴座固定螺旋；22. 脚螺旋

图3-1　DJ6光学经纬仪

(2)水平度盘

水平度盘系光学玻璃制成，度盘边缘通常按顺时针方向刻有0°～360°的等角距分划线。水平度盘不随照准部转动，对于方向经纬仪，在水平角测量中，可利用度盘变换手轮将度盘转至所需要的位置，度盘配置后应及时盖好护盖，以免作业中碰动。

对于装有复测器的复测经纬仪，水平度盘与照准部之间的连接由复测器控制。将复测器扳手往下扳时，照准部转动时带动水平度盘一起转动；将复测器扳手往上扳时，水平度盘就不随照准部旋转。

(3)基座

经纬仪基座与水准仪基座的构成和作用基本相同，有轴座、脚螺旋、底板和三角压板，用于支承整个仪器。但经纬仪基座上还有一个轴座固定螺旋，用于将照准部和基座固连在一起。通常情况下，轴座固定螺旋必须拧紧固定。

3. DJ6光学经纬仪的读数

DJ6光学经纬仪的水平度盘和竖直度盘分划线通过一系列的棱镜和透镜，成像于望远镜旁的读数显微镜内，观测者通过读数显微镜读取度盘上的读数。图3-2为DJ6光学经纬仪读数系统光路图。

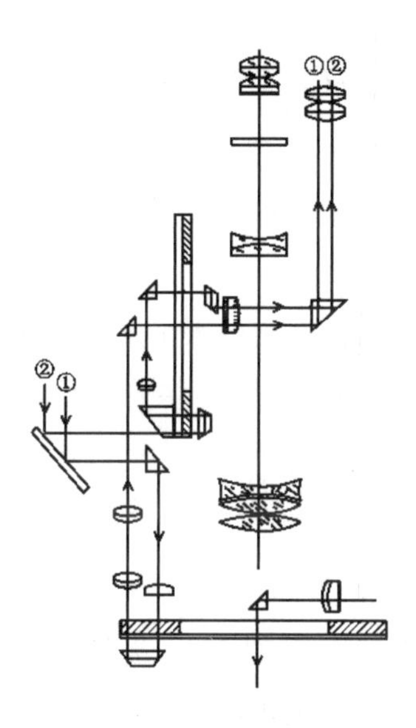

图3-2　DJ6光学经纬仪光路

4. 分微尺测微器读数

如图3-3所示，注有“-”（或“H”“水平”）的为水平度盘读数，注有“⊥”（或“V”“竖直”）的为竖直度盘读数。经放大，分微尺长度与水平度盘或竖直度盘分划值1°的成像宽度相等，分

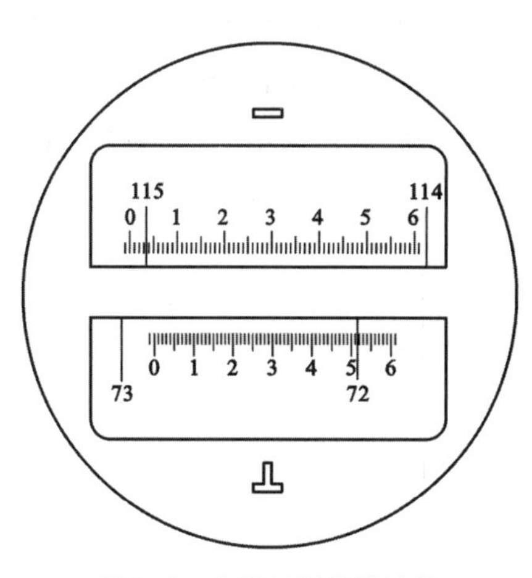

图3-3　分微尺测微器读数

微尺长度为1°，分微尺上有60个小格，每一小格为1′，可估读最小分划的1/10，即0.1′=6″。读数时，度数由落在分微尺上的度盘分划线注计数读出，分数则用该度盘分划线在分微尺上直接读出，秒为估读数，是6的倍数。图3-3中水平盘读数为115°03′48″，竖盘读数为72°51′30″。

5. 光学经纬仪的使用

(1)安置仪器

利用经纬仪测量角度，首先应将仪器安置在测站点(角顶点)的铅垂线上，包括对中和整平两项工作。

对中的目的是使仪器竖轴(或水平度盘中心)位于过测站点的铅垂线上。方法有垂球对中和光学对中两种。

整平的目的是使仪器的竖轴竖直，从而使水平度盘和横轴处于水平位置，竖直度盘位于铅垂平面内。整平分粗略整平和精确整平。由于对中和整平两项工作相互影响，在安置经纬仪时，应同时满足对中和整平这两个条件。

(2)使用光学对中法安置经纬仪

①粗略对中：打开三脚架，使其高度适中，分开成大致等边三角形，将脚架放置在测站点上，使架头大致水平。将仪器放置在脚架架头上，旋紧中心连接螺旋，调节三个脚螺旋至适中部位。移动三脚架使光学对中器分划圈圆心或十字丝交点大致对准地面标志中心，踩紧三脚架并使架头基本水平，再旋转脚螺旋使光学对中器分划圈圆心或十字丝交点对准测站点标志中心。

②粗略整平：降三脚架三条腿的高度，使水准管气泡大致居中。对于有圆水准器的仪器，可通过升降脚架腿使圆水准器气泡居中，达到粗略整平的目的。

③精确整平：如图3-4所示，转动照准部使水准管平行任意一对脚螺旋连线，对向旋转这两只脚螺旋使水准管气泡居中，左手大拇指移动的方向为气泡移动的方向；然后将照准部转动90°，旋转第三只脚螺旋，使水准管气泡居中，反复调节，直到照准部转到任何方向，水准管气泡均居中。

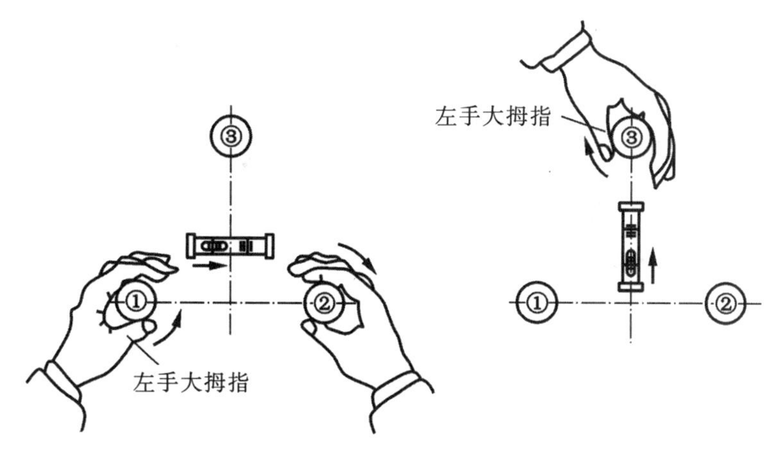

图3-4　照准部水准管整平

④精确对中并整平：精确整平后重新检查对中，如有少许偏离，可稍松开中心连接螺旋，在架头上平移仪器，使其精确对中后，及时拧紧中心连接螺旋，重新进行精确整平。

由于对中和整平相互影响，需要反复操作，最后满足既对中又整平。

(3)瞄准目标

测角时的照准标志，一般是竖立于测点的标杆、测钎、垂球线或觇牌，如图3-5所示。测量水平角时，用望远镜的十字丝竖丝瞄准照准标志，并尽量瞄准标志底部；而测量竖直角时，一般用望远镜的十字丝中横丝切标志的顶部。

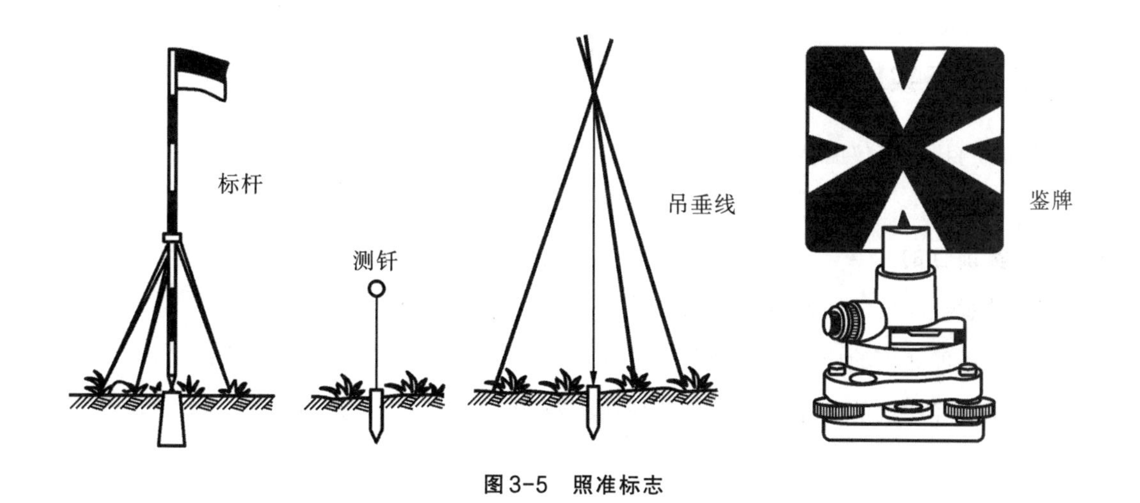

图3-5　照准标志

瞄准时，先松开望远镜制动螺旋和照准部制动螺旋，将望远镜朝向明亮的天空，调节目镜调焦螺旋使十字丝清晰，然后利用望远镜上的瞄准器，使目标位于望远镜视场内，固定望远镜和照准部制动螺旋，调节物镜调焦螺旋使目标影像清晰；转动望远镜和照准部微动螺旋，使十字丝竖丝的单丝平分目标或双丝夹准目标，如图3-6(a)(b)所示。

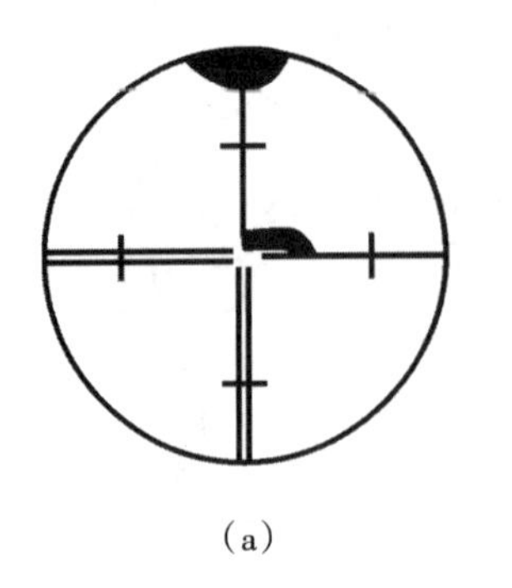

(a)

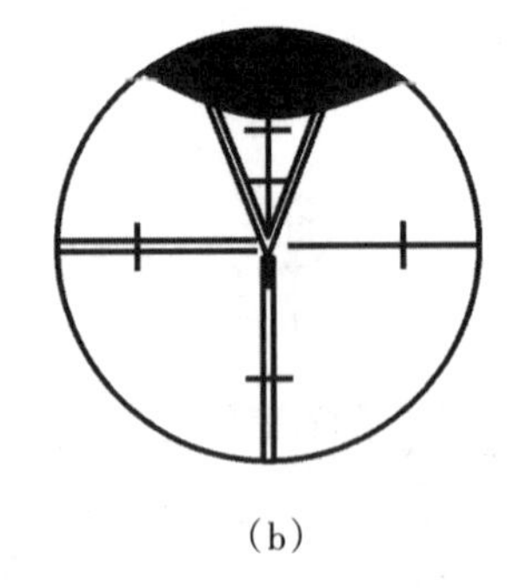

(b)

图3-6 照准目标

(4)读数

读数时先打开度盘照明反光镜,调整反光镜的开度和方向,使读数窗亮度适中,旋转读数显微镜的目镜使刻画线清晰,然后读数。

在水平角测量中,为了角度计算方便或减少度盘刻划误差的影响,通常需要将起始方向的水平度盘读数配置为0°00′00″或某一预定值位置,此项工作称为配度盘。对于方向经纬仪,打开水平度盘变换手轮保护盖,转动变换手轮使度盘调至所需的读数后,轻轻盖上保护盖,并检查读数是否变动。对于复测经纬仪,则利用复测扳手来控制水平度盘的转动,扳上复测扳手,读数显微镜中的读数随照准部的转动而改变。当读数为所需配置的度盘读数时,扳下复测扳手,此时水平度盘与照准部结合在一起,转动照准部带动水平度盘一起转动,精确照准起始方向,扳上复测扳手,这时目标方向的度盘读数即为配置的读数。

二、任务实施

实训项目:经纬仪的认识与使用。

1. 实训目的

(1)熟悉经纬仪的结构、各部件的功能。

(2)熟悉经纬仪的检验项目、方法、标准。

(3)掌握经纬仪的安置(对中、整平)的操作方法。

2. 实训内容

(1)经纬仪的安置(对中、整平)。

(2)经纬仪的操作:瞄准、调焦、采光、读数。

(3)经纬仪的几何关系的检验。

3. 实训仪器及工具

DJ6型经纬仪1台、三脚架1副、遮阳伞1把、木桩1个、铁钉1枚、斧头1把、记录板1块。

4. 预习和准备

了解经纬仪的构造,读数设备和读数方法。

5. 实训要求及注意事项

(1)安置经纬仪前,必须使三脚架顶面基本持平。

(2)经纬仪对中采用光学对中器法。

(3)操作时用力不能过大过猛,要平稳,同一方向旋转要适度不能过头。

(4)检验时要认真操作并做好记录,出现不符合标准时应请示实训指导老师。

(5)仪器入箱要确保放置位置正确。

6. 实训步骤

(1)打开三脚架,同时确保三脚架顶面粗平。

(2)开箱取出经纬仪安置在架面上,拧紧后倒旋2～3圈后,严格对中后再拧紧。

(3)进行经纬仪整平操作。

(4)瞄准一目标,试操作制动螺旋、调焦螺旋、微动螺旋,目镜调整。

(5)转动读数窗目镜、采光镜。

(6)操作复测扳手或变换手轮,观测并记录变化。

(7)检验经纬仪的十字丝、视准轴误差和水平轴关系,做好记录并判断。

(8)交换,重复上述操作。

(9)清点仪器、工具,安全归还。

任务二　水平角测量

一、知识储备

1. 水平角测量原理

地面上一点到两个目标点连接的两条空间方向线垂直投影在水平面上所形成的夹角，或过空间两条相交方向线的竖直面所夹的两面角，称为水平角，通常用β表示。如图3-7所示，A，O，B为地面上的三点，过OA，OB直线的竖直面V_1，V_2，在水平面H上的交线$O'A'$，$O'B'$，所夹的角$\angle A'O'B'$就是OA和OB之间的水平角。

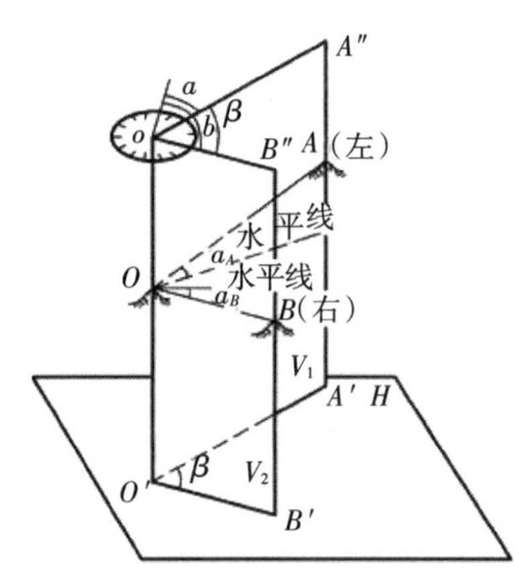

图3-7　角度测量原理

为了测量水平角的大小，设想在过O点的铅垂线上，水平地安置一个刻度盘（简称为水平度盘），使刻度盘刻划中心（称为度盘中心）o与O在同一铅垂线上。竖直面V_1，V_2与水平度盘有交线oA''，oB''，通过oA''，oB''在水平度盘读数为a，b（称为方向观测值，简称方向值），一般水平度盘是顺时针刻划和注记的，则所测得的水平角为：

$$\beta = b - a \tag{3-1}$$

由上式可知，水平角值为两方向值之差。水平角取值范围为0°～360°，且无负值。

2. 水平角测量方法

水平角的观测方法一般根据目标的多少而定，常用的方法有测回法和方向法观测两种。测回法常用于测量两个方向之间的单角，是测角的基本方法。方向观测法用于在一个测站上观测两个以上方向的多角。

下面介绍测回法观测水平角的操作步骤。

如图3-8所示，A，O，B分别为地面上的三点，欲测定OA与OB之间的水平角，采用测回法观测。其操作步骤如下。

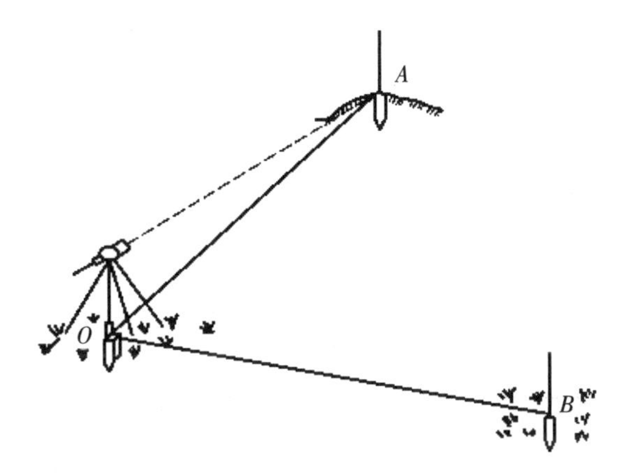

图3-8　测回法测水平角

(1)将经纬仪安置在测站点O，对中、整平。

(2)盘左位置(竖盘在望远镜目镜端的左边，又称为正镜)，瞄准目标A，将水平度盘配置在0°或稍大于0°的位置，读取读数$a_{左}$并记入手簿，顺时针旋转照准部，瞄准目标B，读数并记录$b_{左}$，则上半测回角值$\beta_{左}=b_{左}-a_{左}$。

(3)倒转望远镜成盘右位置(竖盘在望远镜目镜端的右边，又称为倒镜)，瞄准目标B，读取读数$b_{右}$并记入手簿，逆时针方向旋转照准部，瞄准目标A，读数并记录$a_{右}$，则下半测回角值$\beta_{右}=b_{右}-a_{右}$。上、下半测回构成一个测回。表3-1为测回法观测手簿。对于$DJ6$光学经纬仪，若上、下半测回角度之差$\Delta\beta=\beta_{左}-\beta_{右}\leq 40''$，则取$\beta_{左}$，$\beta_{右}$的平均值作为该测回的角值。此法适用于观测两个目标所构成的单角。

在测回法测角中，仅测一个测回可以不配置度盘起始位置。但为了计算的方便，可将起始目标读数配置在0°或稍大于0°处。在需要对某角度测多个测回时，为了减小水平度盘分划误差的影响，各测回盘左起始方向(零方向)应根据测回数n，按180°/n的间隔变换度盘位置。

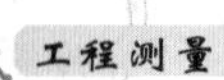

表3-1 水平角测回法观测手簿

测站	盘位	目标	水平度盘读数(°′″)	半测回角值(°′″)	一测回角值(°′″)	各测回角值(°′″)
O 第一测回	左	A	0 01 06	60 17 12	60 17 18	60 17 20
		B	60 18 18			
	右	A	180 01 12	60 17 24		
		B	240 18 36			
O 第二测回	左	A	90 01 00	60 17 24	60 17 21	
		B	150 18 24			
	右	A	270 01 18	60 17 18		
		B	330 18 36			

二、任务实施

实训项目:测回法测量水平角。

1. 实训目的

(1)能快速准确地读取水平方向值。

(2)掌握测回法测量水平角要领。

2. 实训内容

测回法测量单角(2个测回)。

3. 仪器及工具

DJ6型经纬仪1台、三脚架1副、遮阳伞1把、木桩1个、斧头1把、记录板1块。

4. 预习和准备

预习测回法测量水平角的方法及观测手册记录。

5. 实训要求及注意事项

(1)按照操作规程,正确操作DJ6仪器以确保仪器的安全。

(2)要求每组每人至少2个测回,且每测回起始角要符合360°/n,n为测回数。

(3)旋转照准部时要确保按同一方向转动,瞄准目标时要留有放置余量,避免回转。

(4)记录者记录前,必须复诵一遍数据以资校核。

6. 实训步骤

(1)在测站上安置经纬仪,确保对中误差≤3 mm。

(2)整平经纬仪。

(3)试着瞄准单角的两目标,调焦,采光。

(4)盘左瞄准目标A,归零到$360°/n±10''$内,读数、记录。

(5)顺时针转到目标B,读数、记录,完成上半测回工作。

(6)变盘左为盘右,瞄准目标B,读数、记录。

(7)逆时针转到目标A,读数、记录,完成下半测回工作,至此完成一个测回工作。

(8)不同观测者重复步骤(4)(5)(6)(7)操作,直至本次实训结束。

(9)清理仪器、工具,小心正确装箱并归还。

7. 水平角测量实训报告

水平角测量观测手簿,见表3-2。

表3-2　水平角测回法观测手簿

测站	盘位	目标	水平度盘读数(°′″)	半测回角值(°′″)	一测回角值(°′″)	各测回角值(°′″)

任务三　竖直角测量

一、知识储备

1. 竖直角测量原理

在同一竖直面内,地面某点至目标的方向线与水平线的夹角,称为竖直角或倾斜角。用

α表示。若目标方向线在水平线之上,该竖直角称为仰角,取值为“+”;若目标方向线在水平线之下,该竖直角称为俯角,取值为“-”,如图3-9所示。竖直角的取值范围角值为0°~±90°。

欲测定竖直角,若在铅垂面上,安置一个垂直刻度盘(称为竖直度盘,简称竖盘),并使其刻划中心过O点,通过OA方向线和水平方向线与竖盘的交线,可在竖直度盘上读数L、M,则:

$$\alpha = L - M \tag{3-2}$$

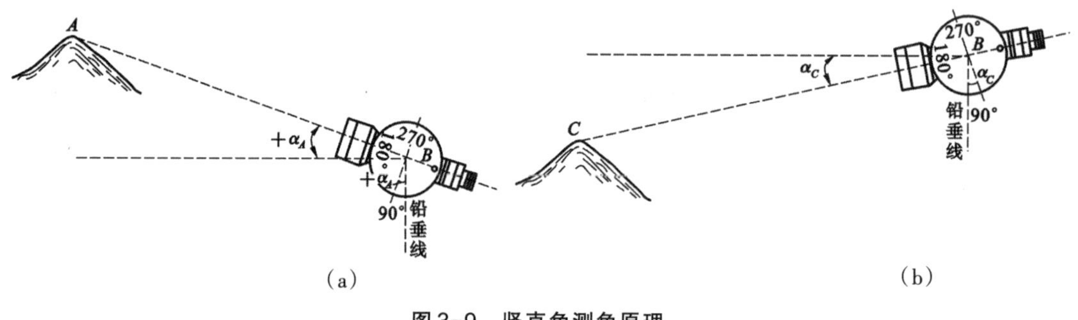

图3-9　竖直角测角原理

由此可见,α仍为两方向值之差。其中L为倾斜方向线,M为水平方向线的读数,当竖盘制作完成后即为定值,又称为始读数或零读数。经纬仪的M设置为90°的整倍数,即盘左90°,盘右270°。因此测量竖直角时,只要读到目标方向线的竖盘读数,就可计算出竖直角。

2. 竖盘的构造

经纬仪竖直度盘部分主要由竖盘、竖盘读数指标、竖盘指标水准管和竖盘指标水准管微动螺旋竖盘构造组成,如图3-10所示。竖盘垂直地固定在望远镜横轴的一端,随望远镜的上下转动而转动。读数指标与竖盘指标水准管一起安置在微动架上,不随望远镜转动,只能

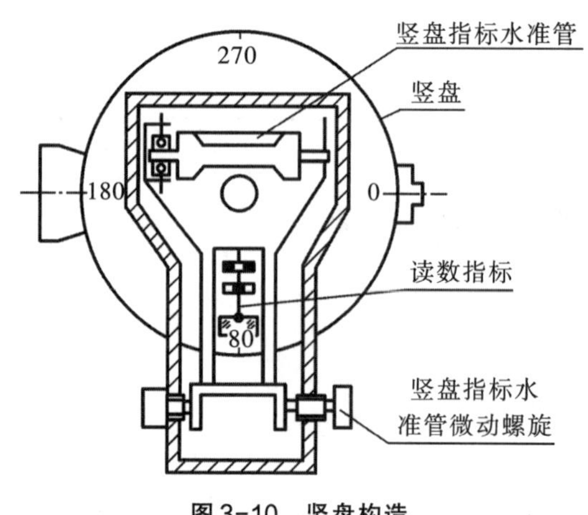

图3-10　竖盘构造

通过调节指标水准管微动螺旋，使读数指标和指标水准管一起做微小转动。当指标水准管气泡居中时，指标线处于正确位置，如图3-10所示。竖盘的注记形式分顺时针和逆时针两种，如图3-10中的竖盘为顺时针注记。

3. 竖直角计算公式

由于竖盘注记形式不同，竖直角计算的公式也不一样。现以顺时针注记的竖盘为例，推导竖直角计算的基本公式。如图3-11所示，当望远镜视线水平，竖直指标水准管气泡居中时，读数指标处于正确位置，竖盘读数正好为常数90°或270°。

图3-11(*a*)为盘左位置，视线水平时竖盘读数为90°。当望远镜往上仰时，倾斜视线与水平视线所构成的竖直角为仰角α_L，读数指标指向读数L，读数减小，盘左竖直角为：

$$\alpha_L = 90° - L \tag{3-3}$$

图3-11(*b*)为盘右位置，视线水平时竖盘读数为270°。当望远镜往上仰时，倾斜视线与水平视线所构成的竖直角为仰角α_R，读数指标指向读数R，读数增大，盘右竖直角为：

$$\alpha_R = R - 270° \tag{3-4}$$

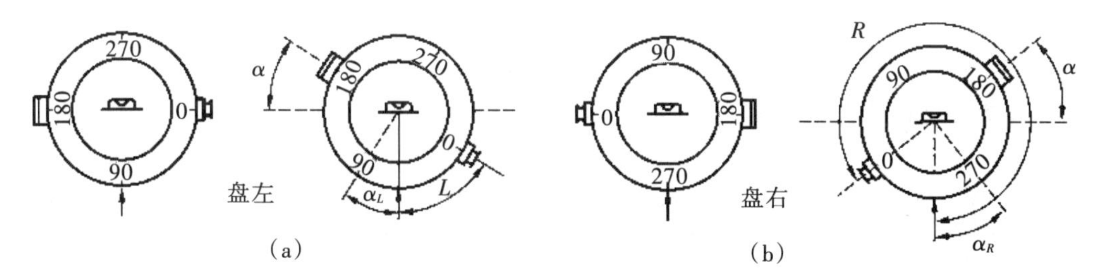

图3-11　竖直角公式判断

同理，当竖盘为逆时针注记时，竖直角的计算公式为：

$$\alpha_L = L - 90° \tag{3-5}$$

$$\alpha_R = 270° - R \tag{3-6}$$

对于同一目标，由于观测中存在误差，盘左、盘右所获得的竖直角α_L和α_R不完全相等，应取盘左盘右竖直角的平均值作为最后结果，即

$$\alpha = \frac{1}{2}(\alpha_L + \alpha_R) \tag{3-7}$$

竖盘与读数指标间的固定关系，取决于指标水准管轴垂直于成像透镜组的光轴（即光学指标）。当这一条件满足时，望远镜水平且指标水准管气泡居中时，竖盘指标指向正确位置；否则，竖盘读数会偏离指向正确位置，该差值称为竖盘指标差，用x表示。

竖盘读数计算x的公式为：

$$x=\frac{1}{2}\left(L+R-360^{0}\right) \tag{3-8}$$

采用盘左、盘右读数计算的竖直角，可以消除竖盘指标差的影响。

4. 竖直角观测

竖直角测量的步骤如下：

(1)仪器安置在测站点上，对中、整平。

(2)盘左位置瞄准目标点，使十字丝中横丝精确切于目标顶端，调节竖盘指标水准管微动螺旋，使竖盘指标水准管气泡居中，读取竖盘读数为L，记入手簿相应栏，完成上半测回观测。

(3)盘右位置瞄准目标点，调节竖盘指标水准管，使气泡居中，读取竖盘读数R记入手簿，完成下半测回观测。

(4)上、下两各半测回组成一个测回。根据竖盘注记形式，确定竖直角计算公式。而后计算半测回值。若较差满足要求（DJ_6型仪器观测竖直角的较差不应大于±25″），取其平均值作为一测回值。即

$$\alpha=\frac{1}{2}\left(\alpha_L+\alpha_R\right)$$

观测竖直角时，测得A,B两目标的竖盘读数，如表3-3所示

表3-3 竖直角观测手簿

测站	目标	盘位	竖盘读数(°′″)	半测回竖角值(°′″)	指标差(°′″)	一测回竖角值(°′″)	备注
O	A	左	81 18 36	+8 41 24	+3	+8 41 27	竖直度盘为顺时针方向注记
		右	278 41 30	+8 41 30			
	B	左	124 03 24	−34 03 24	+6	−34 03 18	
		右	235 56 48	−34 03 12			

注意：目前的光学经纬仪多采用自动归零装置（补偿器）取代指标水准管的功能。自动归零装置为悬挂式（摆式）透镜，安装在竖盘光路的成像透镜组之后。当仪器稍有倾斜读数指标处于不正确位置时，归零装置靠重力作用使悬挂透镜的主平面倾斜，通过悬挂透镜的边缘部分折射，让竖盘成像透镜组的光轴到达读数指标的正确位置，实现读数指标自动归零，也称为自动补偿。

二、任务实施

实训项目:观测竖直角。

1. 实训目的

(1)掌握测量竖直角的操作技能。

(2)掌握测量竖直角的成果计算方法。

2. 实训内容

测量竖直角。

3. 实训仪器及工具

经纬仪1台、三脚架1副、记录板1块、遮阳伞1把。

4. 预习和准备

预习竖直角的概念及竖直角角值范围。简单了解竖直度盘的构造。掌握竖直角的计算公式。

5. 实训要求及注意事项

(1)每组四个目标,测量竖直角。

(2)结合水平角全圆法,每组不少于三个测回。

(3)超过竖盘指标差精度要求±25″的必须重测。

(4)记录者记录前必须复诵一遍数据以资校核。

6. 实训步骤

(1)在测站上安置经纬仪,确保对中误差≤3 mm。

(2)整平经纬仪。

(3)试着瞄准单角的目标,调焦,采光。

(4)盘左瞄准目标*A*,旋紧水平、竖直制动螺旋,调整竖盘指标水准管微动螺旋,使竖盘指标水准管气泡居中,或旋转竖盘指标自动补偿器锁紧螺旋至“*ON*”位置,调整水平和竖直微动螺旋,精确瞄准目标*A*后读数、记录。

(5)顺时针转到各目标,读数、记录,完成上半测回工作。

(6)变盘左为盘右，瞄准目标A，旋紧水平、竖直制动螺旋，调整竖盘指标水准管微动螺旋，使竖盘指标水准管气泡居中，或旋转竖盘指标自动补偿器锁紧螺旋至“ON”位置，调整水平和竖直微动螺旋，精确瞄准目标A后读数、记录。

(7)逆时针转到各目标，读数、记录，完成下半测回工作。至此完成一个测回工作。

(8)不同观测者重复步骤(4)(5)(6)(7)操作，直至本次实训结束；

(9)清理仪器、工具，小心正确地装箱并归还。

7. 竖直角测量实训报告(表3-4)

表3-4　竖直角测量记录、计算表

日　期________班　组________仪器型号________

观测者________记录者________

测站	目标	盘位	竖盘读数(° ′ ″)	半测回竖角值(° ′ ″)	指标差(° ′ ″)	一测回竖角值(° ′ ″)	备注

任务四　测设已知水平角

一、知识储备

测设水平角通常是在某一控制点上，根据某一已知方向及水平角的设计值，用仪器找出另一个方向，并在地面上标定出来。欲测设的水平角一般可利用三个点的平面坐标反算两个坐标方位角，并根据坐标方位角计算欲测设的水平角。如图3-12中的A为已知点，AP为已知方向，β为待测设的水平角。测设的目的是确定AB方向，并将B点标定在地面上。水平角的测设通常采用盘左盘右分中法(一般方法)和精确方法两种。

1. 盘左盘右分中法

采用盘左盘右分中法时，先把经纬仪安置于A点上。如图3-12所示，用盘左瞄准P点并读数，接着将望远镜沿顺时针方向转过β角，视准线指向AB'方向，随即将B'点标定在地面上。而后用盘右重新瞄准P点，并用同样的方法将B''点标定在地面上。最后取B'和B''的中点作为B点的最终位置，此时$\angle PAB$即为测设到地面上的β角。采用这一方法测设水平角可以消除或减弱经纬仪的视准轴、水平轴和度盘偏心等仪器误差的影响。该法测设简单、速度快，但精度较低。

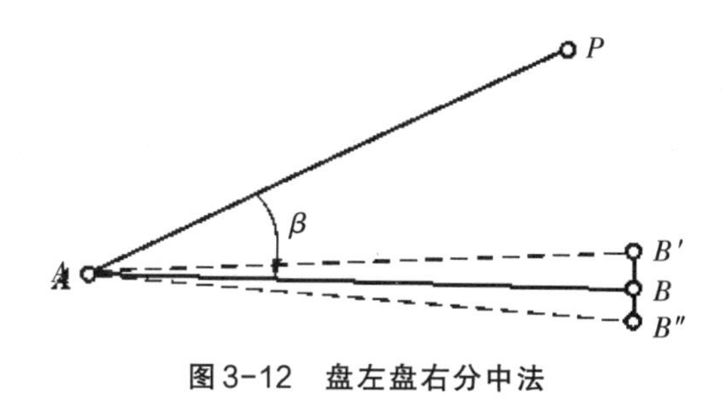

图3-12　盘左盘右分中法

2. 精确方法

当对放样精度要求较高时，可按下述步骤进行。

（1）如图3-13所示，先按一般方法放样定出B点。

（2）反复观测水平角$\angle PAB'$若干个测回，取其平均值β'，并计算出它与已知水平角的差值$\Delta\beta'=\beta-\beta'$。

（3）计算改正距离：$BB' \approx AB' \cdot \dfrac{\Delta\beta}{\rho}$。

式中，AB'为测站点A至放样点B'的距离，ρ=206265″。

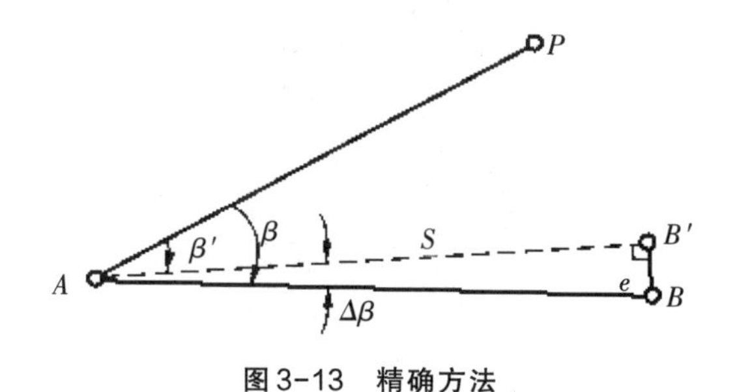

图3-13　精确方法

（4）从B'点沿AB'的垂直方向量出BB'，定出B点，则$\angle PAB$就是要放样的已知水平角。

注意：如$\Delta\beta$为正，则沿AB'的垂直方向向外量取；反之，则向内量取。

当前，随着科学技术的日新月异，全站仪的智能化水平越来越高，能同时放样已知水平角和水平距离。若用全站仪放样，可自动显示需要修正的距离和移动的方向。

任务五　光学经纬仪的检验与校正

知识储备

1. 经纬仪的主要轴线及应满足的几何条件

如图3-14所示，经纬仪的主要轴线有照准部水准管轴LL、仪器旋转轴（竖轴）VV、望远镜视准轴CC、望远镜旋转轴（横轴）HH。各轴线间应满足以下几何条件：

（1）照准部水准管轴应垂直于仪器竖轴，即$LL \perp VV$。

（2）望远镜视准轴应垂直于横轴，即$CC \perp HH$。

（3）横轴应垂直于竖轴，即$HH \perp VV$。

（4）十字丝竖丝应垂直于横轴。

（5）竖盘指标差应为零。

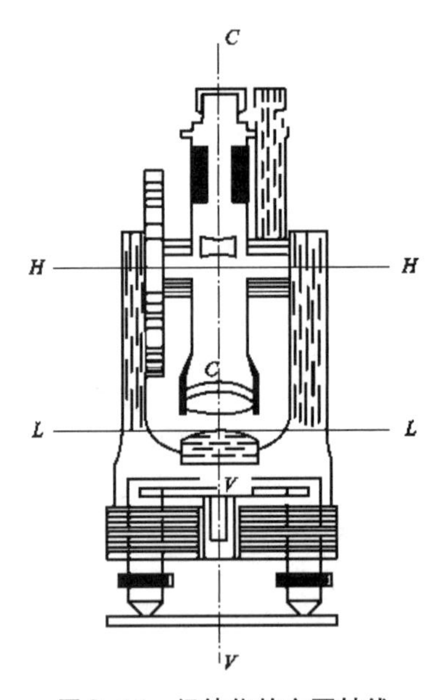

图3-14　经纬仪的主要轴线

由于仪器长期使用、运输、震动等，其轴线关系发生了变化，从而产生测角误差。因此，测量规范要求，作业前应检查经纬仪主要轴之间是否满足上述条件，必要时调节相关部件加以校正，使之满足要求。以下介绍DJ6型经纬仪的检验与校正。

2. 经纬仪的检验与校正

(1)照准部水准管轴的检验校正

检验目的:满足 $LL \perp VV$ 条件。当水准管气泡居中时,竖轴铅垂,水平度盘大致水平。

检验方法:将仪器粗略整平后,转动照准部使水准管平行于任意两个脚螺旋连线方向,调节这两个脚螺旋,使水准管气泡严格居中,再将仪器旋转180°,如果气泡仍然居中,说明条件满足。当气泡偏离超过一格时,需要校正。

校正方法在图3-15(*a*)中,照准部水准管轴水平,但竖轴倾斜,其与铅垂线的夹角为 α,将照准部旋转180°后,水准管轴与水平线的夹角为 2α,如图3-15(*b*)所示。校正时,先转动脚螺旋,使气泡退回偏离量的一半,如图3-15(*c*),再用校正针拨动水准管一端的校正螺丝(注意先松后紧),使气泡居中,如图3-15(*d*)。此时,照准部水准管轴与仪器竖轴垂直。

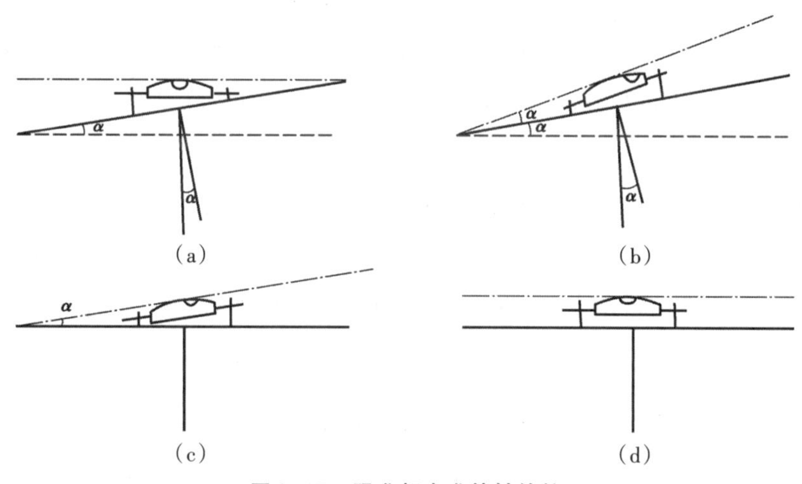

图3-15　照准部水准管轴检校

此项检校需反复进行,直到照准部旋转到任意方向,气泡偏离不超过一格为止。

(2)十字丝的检验校正

检验目的:满足十字丝竖丝垂直于横轴的条件。仪器整平后,十字丝纵丝在竖直面内,保证精确瞄准目标。

检验方法:将仪器整平后,用十字丝交点精确瞄准远处一明显的目标点*A*,固定水平制动螺旋和望远镜制动螺旋,转动望远镜微动螺旋使望远镜上仰或下俯。如果目标点始终在竖丝上移动,说明条件满足,如图3-16(*a*);否则,需要进行校正,如图3-16(*b*)所示。

校正方法与水准仪中横丝垂直于竖轴的校正方法相同,但此时应使竖丝竖直。取下十字丝环的保护盖,微微旋松十字丝环的四个固定螺丝,转动十字丝环,如图3-16(*c*),直至望远镜上仰或下府时竖丝与点状目标始终重合。最后,拧紧各固定螺丝,并旋上保护盖。

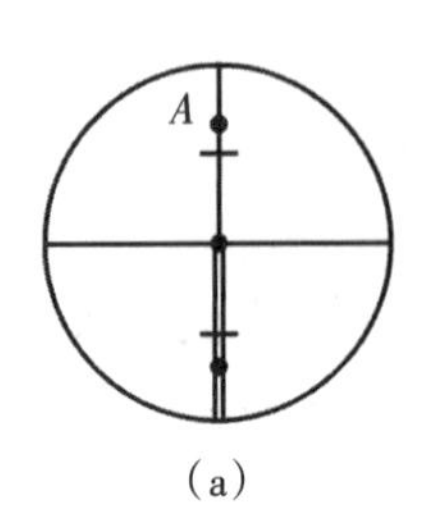

(a)

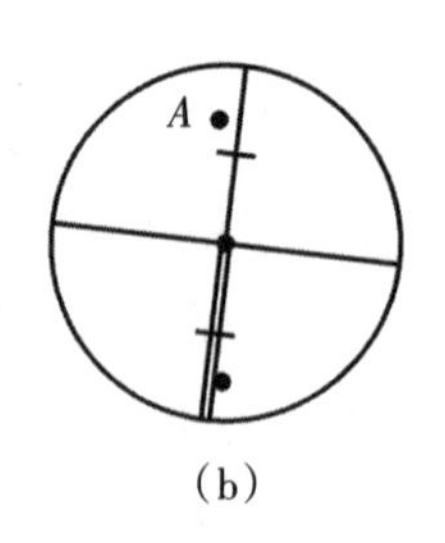

(b)

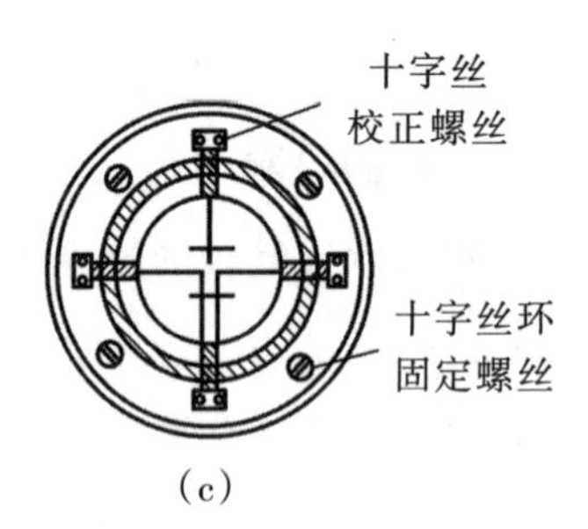

(c)

图3-16 十字丝竖丝检校

(3)视准轴的检验校正

检验目的:满足 $CC \perp HH$ 条件,使望远镜旋转时视准轴的轨迹为一平面而不是圆锥面。

检验方法:CC 不垂直于 HH 是因为十字丝交点的位置改变了,导致视准轴与横轴的相交不为90°,而偏差一个角度 c,称为视准轴误差。

$$2c = \text{盘左读数} - (\text{盘右读数} \pm 180°) \tag{3-9}$$

c 使得在观测同一铅垂面内不同高度的目标时,水平度盘读数不一致,产生对测量成果影响较大的测角误差。该项检验可采用四分之一法和盘左盘右瞄点法。下面介绍盘左盘右瞄点法。

当水平度盘偏心差影响小于估读误差时,可在较小的场地内用盘左盘右瞄点法检验。检验时,将仪器严格整平,选择一与仪器等高的点状目标 P,以盘左、盘右位置观测 P,读取水平度盘读数 P_L、P_R。若 $P_L=P_R\pm180°$,条件满足;按式(3-9)计算 c 值,超过规定值的话则应校正。

校正方法:盘左盘右瞄点法,计算盘右位置时正确水平度盘读数 $PR' = \frac{1}{2}(PL + PR \pm 180°)$,转动照准部微动螺旋,使水平度盘读数为 PR'。此时十字丝交点必定偏离目标 P,拨动左、右两校正螺丝,使十字丝交点重新对准目标 P 点。每校一次后,变动度盘位置重复检验,直至视准轴误差 c 满足规定要求。

校正结束后应将上、下校正螺丝拧紧。

(4)横轴的检验校正

检验目的:满足 $HH \perp VV$ 条件,当望远镜绕横轴旋转时,视准轴的轨迹铅垂面是一个斜面。

检验方法:如图3-17所示,在墙面上设置一明显的目标点 M,在距墙面20~30 m处安置经纬仪,使望远镜瞄准目标点 M 的仰角在30°以上。盘左瞄准 M 点,固定照准部,待竖盘指标水准管气泡居中后,读取竖盘读数 L,然后放平望远镜,使竖盘读数为90°,在墙上定出一点 m_1。盘右位置瞄准 M 点,固定照准部,读得竖盘读数 R,放平望远镜,使竖盘读数为270°,在

墙上定出另一点 m_1，若 m_1、m_2 两点重合，说明条件满足；否则需要进行校正。

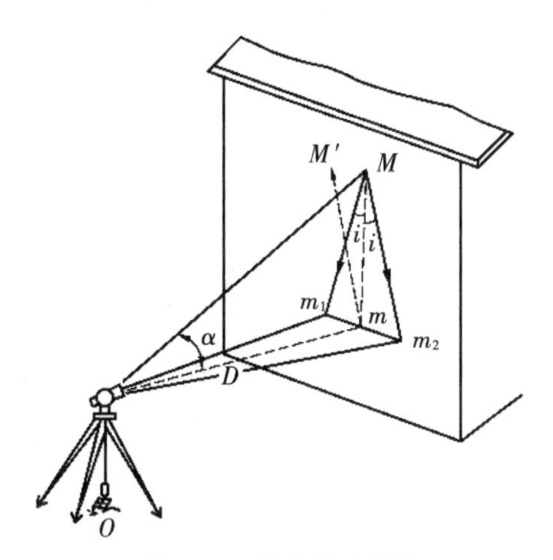

图 3-17　横轴误差检校

校正方法：在图 3-17 中，瞄准墙上 m_1、m_2 两点的中点 m，再将望远镜上仰。此时，十字丝交点必定偏离 M 点而照准 M' 点，打开仪器的支架护盖，通过调节横轴一端支架上的偏心环，升高或降低横轴的一端，移动十字丝交点精确照准 M 点。由于横轴是密封的，故校正应由专业维修人员进行。

(5)竖盘指标差的检验校正

检验目的：满足 $x=0$ 条件，当指标水准管气泡居中时，使竖盘读数指标处于正确位置。

检验方法：采用盘左、盘右观测某目标，读取竖盘读数 L，R，按式(3-8)计算指标差 x。《光学经纬仪检定规程》规定，DJ6 型经纬仪指标差不得超过±10″；当 DJ6 型仪器指标差变化范围分别超过 25″时，应对仪器进行校正。工程测量中，DJ6 型经纬仪 x 不超过±60″，无须校正。

校正方法盘右位置消除 x 后竖盘的正确读数为：

$$R_{正} = R - x \tag{3-10}$$

校正时，仪器盘右位置照准原目标。转动竖盘指标水准管微动螺旋，使竖盘读数为正确值 $R_{正}$，此时气泡不再居中。旋下指标水准管校正端堵盖，再用校正针拨动指标水准管校正螺丝，使气泡居中即可。此项检校需反复进行，直至竖盘指标差 x 为零或在限差要求以内。

竖盘自动归零的经纬仪，竖盘指标差的检验方法与上述相同，但校正宜送仪器检修部门进行。

任务六　角度测量的误差分析

知识储备

仪器误差和作业各环节产生的观测误差及外界条件影响，都会对角度测量的精度带来影响，为了获得符合精度要求的角度测量结果，必须分析这些误差产生的原因，采取相应的措施，将其消除或控制在容许的范围内。角度误差的主要来源有仪器误差、观测误差和外界条件影响误差。

1. 仪器误差

仪器误差包括两个方面：一方面，由于仪器校正不完全所产生的仪器残余误差，如视准轴不垂直于横轴及横轴不垂直于竖轴等的残余误差；另一方面，是由于仪器制造加工不完善所引起的，如度盘偏心差、度盘刻划误差等。

(1)视准轴不垂直于横轴的误差

由于存在视准轴不垂直于横轴的残余误差，所产生的视准轴误差c对水平度盘读数的影响，盘左、盘右大小相等、符号相反，通过盘左、盘右观测取平均值可以消除该项误差的影响。

(2)横轴不垂直于竖轴的误差

同样，由于存在横轴不垂直于竖轴的残余误差，横轴误差i对水平度盘读数的影响，其性质与视准轴误差c类似，同样可以通过盘左、盘右观测取平均值消除此项误差的影响。

(3)竖轴倾斜的误差

水准管轴不垂直于仪器竖轴，所引起的竖轴误差对水平读数的影响。由于盘左和盘右竖轴的倾斜方向一致，因此该项误差不能用盘左、盘右观测取平均值的方法来消除。为此，在观测过程中，应保持照准部水准管气泡居中。当照准部水准管气泡偏离中心超过一格时，应重新对中、整平仪器，尤其是在竖直角较大的山区测量水平角时，应特别注意仪器的整平。

(4)水平度盘偏心差

水平度盘分划中心O与照准部旋转中心O'不重合所引起的读数误差，称为度盘偏心差。对于单指标读数仪器，可通过盘左、盘右观测取平均值的方法减小此项误差的影响。对于双指标读数仪器，采用对径分划符合读数可以消除水平度盘偏心差的影响。

(5)度盘刻划误差

度盘刻划误差一般很小。水平角观测时，在各测回间按一定方式变换度盘位置，可以有效削弱度盘刻划误差的影响。

2. 观测误差

(1)对中误差

在测角时,仪器中心与测站点不在同一铅垂线上,造成的测角误差称为对中误差。对中误差与偏心距成正比,与距离成反比,还与水平角的大小有关。β愈接近180°,影响愈大。因此,在观测目标较近或水平角接近180°时,尤其应注意仪器对中。

(2)整平误差

照准部水准管气泡未严格居中,使得水平度盘不水平,竖盘和视准面倾斜,导致的测角误差称为整平误差。该误差产生的影响与瞄准的目标高度有关,若目标与仪器等高,其影响较小;目标与仪器不等高,其影响随高差的增大而迅速增大。因此,在山区测量时,必须精平仪器。

(3)目标偏心差

目标偏心差与偏心距成正比,与距离成反比。此外,应注意目标偏心方向,与观测方向重合时,对观测方向无影响;与观测方向垂直时,对观测方向的影响最大。因此,在进行水平角观测时,标杆或其他照准标志应竖直,并尽量瞄准目标底部。当目标较近时,可在测点上悬吊垂线球作为照准目标,以减小目标偏心对角度的影响。

(4)照准误差

视准轴偏离目标理想瞄准线的夹角称为照准误差。照准误差主要取决于望远镜的放大率以及人眼的分辨力。通常,人眼可以分辨两个点的最小视角为60″。此外,照准误差还与目标的形状、大小、颜色、亮度和清晰度等有关。

(5)读数误差

读数误差主要取决于仪器的读数设备、照明情况和观测者的判断能力。对于DJ6光学经纬仪,读数误差为分微尺最小分划值的1/10,即6″。但如果受照明不佳、观测者操作不当等因素影响,读数误差还会增大。

3. 外界条件的影响误差

外界环境的影响比较复杂,一般难以由人力来控制。大风可以使仪器和标杆不稳定;雾气会使目标成像模糊;松软的土质会影响仪器的稳定;烈日曝晒可使三脚架发生扭转,影响仪器的整平;温度变化会引起视准轴位置变化;大气折光变化致使视线产生偏折;等等,这些都会给角度测量带来误差。因此,测量时应选择有利的观测时间,尽量避免不利因素,使外界条件对角度的影响降到最低程度。

4. 水平角观测注意事项

(1)观测前应对仪器进行检验,如不符合要求应进行校正;观测时采用盘左、盘右观测取平均值,用十字丝交点瞄准目标等方法,减小或削弱仪器误差的影响。

(2)仪器安置的高度应适中,脚架应踩实,中心螺旋拧紧,观测时手不扶脚架,转动照准部及使用各种螺旋时用力要轻。严格对中和整平,测角精度要求越高,或边长越短,则对中要求越严格;若观测目标的高度相差较大,特别要注意仪器整平。一测回内不得变动对中、整平。

(3)目标应竖直,根据距离选择粗细合适的标杆,并仔细地立在目标点标志中心;瞄准时注意消除视差,尽可能照准目标底部或地面标志中心。高精度测角,最好悬挂垂球做标志或用三联架法。

(4)观测时严格遵守操作规程。观测水平角时切莫误动度盘,并用单丝平分或双丝夹准目标;观测竖直角时,要用横丝截取目标,读数前指标水准管气泡务必居中或自动归零补偿有效。

(5)读数要准确无误,观测结果应及时记录和计算。发现错误或超过限差,立即重测。

(6)高精度多测回测角时,各测回间应变换度盘起始位置,全圆使用度盘。

(7)选择有利于观测的时机,尽力避开不利的外界因素。

项目四　距离测量

任务一　距离测量仪器介绍

◎学习目标：了解距离测量仪的分类，其他辅助工具标杆、测钎和垂球的使用方法。

◎技能标准及要求：掌握距离测量仪的正确使用方法，能正确读出距离测量仪上的读数。

知识储备

距离测量的方法有钢尺量距、视距测量、电磁波测距和GPS测量等。钢尺量距是用钢卷尺沿地面直接丈量距离；视距测量是利用经纬仪或水准仪望远镜中的视距丝及视距标尺，按几何光学原理进行测距；电磁波测距是用仪器发射并接收电磁波，通过测量电磁波在待测距离上往返传播的时间来解算出距离；GPS测量是利用两台GPS接收机接收空间轨道上四颗卫星发射的精密测距信号，通过距离空间交会的方法，解算出两台GPS接收机之间的距离

量距工具

钢尺是用钢制成的带尺。常用钢尺的宽度约为10～15 mm，厚度约为0.4 mm，长度有20 m、30 m、50 m等几种。有三种划分刻度的钢尺：第一种钢尺的基本划分为cm；第二种钢尺的基本划分虽为cm，但在尺端10 cm内为mm划分；第三种钢尺的基本划分为mm。钢尺上dm及m处都刻有数字注记，便于量距时读数。

由于尺的零点位置不同，有端点尺和刻线尺的区别。端点尺是以尺的最外端作为尺的零点，如图4-1(a)所示；刻线尺是以尺前端的一刻线（通常有指向箭头）作为尺的零点，如图4-1(b)所示。当从建筑物墙边开始丈量时，使用端点尺比较方便。钢尺一般用于较高精度的距离测量，如控制测量和施工放样的距离丈量等。

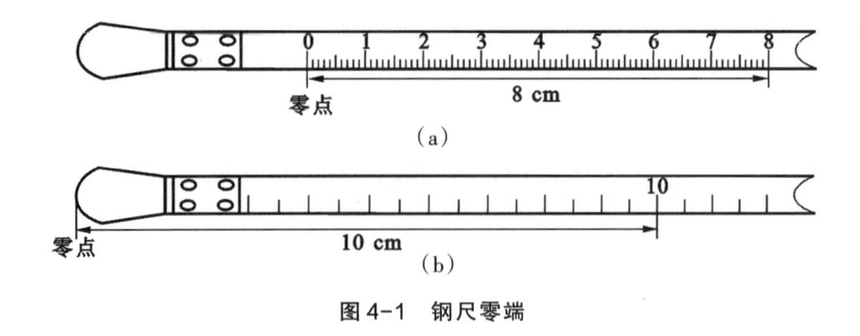

图 4-1 钢尺零端

当地面两点之间的距离大于钢尺的一个尺段时，就需要在直线方向上标定若干分段点，以便于用钢尺分段丈量。直线定线的目的是使这些分段点在待量直线端点的连线上，方法有目测定线和经纬仪定线两种。

丈量距离的其他辅助工具有标杆、测钎和垂球。标杆长 2 ~ 3 m，杆上涂以 20 cm 间隔的红、白漆，以便远处清晰可见，用于直线定线。测钎用来标志所量尺段的起点、迄点和计算已量过的整尺段数。垂球用于在不平坦地面丈量时，将钢尺的端点垂直投影到地面。此外，在钢尺精密量距中还有弹簧秤、温度计和尺夹，用于对钢尺施加规定的拉力和测定量距时的温度，以便对钢尺丈量的距离施加温度来改正；尺夹用于安装在钢尺末端，以方便持尺员稳定钢尺。

任务二　钢尺量距

◎学习目标：掌握钢尺量距的一般方法，了解钢尺量距的精密方法，了解钢尺量距影响精度的因素

◎技能标准及要求：能用钢尺量距的一般方法正确测量一段距离，并且符合精度要求。

知识储备

钢尺量距是利用经检定合格的钢尺直接测量地面量点之间的距离，又称为距离丈量。它使用的工具简单，又能满足工程建设必需的精度，是工程测量中最常用的距离测量方法。钢尺量距按精度要求不同，又分为一般量距和精密量距。精度要求较高的距离测量，应采用电磁波测距。本节主要介绍钢尺量距的一般方法。

1. 直线定线

如果地面两点之间距离较长或地面起伏较大，就需要在直线方向上分成若干段进行量

测。这种将多个分段点标定在待量直线上的工作称为直线定线，简称定线。定线方法有目视定线和经纬仪定线，一般量距时用目视定线，精密量距时用经纬仪定线。

(1)目估定线

又称标杆定线。如图4-2所示，A，B为地面上待测距离的两个端点，欲在直线AB上定出1，2等点，先在A，B两点标志背后各竖立一标杆，甲站在A点标杆后约1 m处，自A点标杆的一侧目测瞄准B点标杆，指挥乙左右移动标杆，直至点2标杆位于直线AB上为止。用同样的方法可定出直线上其他点。

两点间定线一般应由远到近，即先定1点再定2点。

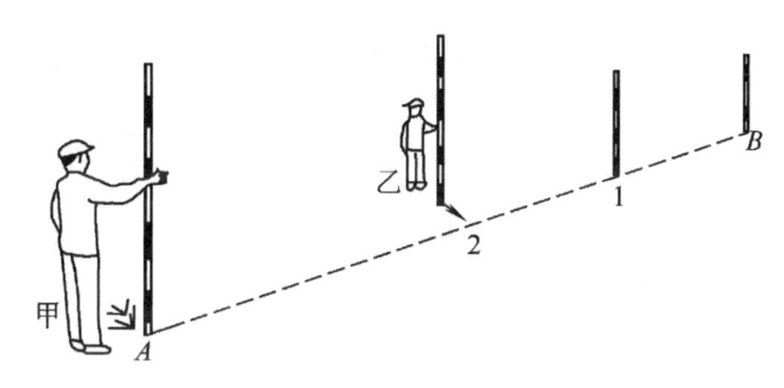

图4-2 目估定线

(2)经纬仪定线

如图4-3所示，经纬仪定线工作包括清障、定线、概量、钉桩、标线等。定线时，先清除沿线障碍物，甲将经纬仪安置在直线端点A，对中、整平后，用望远镜纵丝瞄准直线另一端B点上的标志，制动照准部。然后，上下转动望远镜，指挥乙左右移动标杆，直至标杆像为纵丝所平分，完成概定向；又指挥甲自A点开始朝标杆方向概量，定出相距略小于整尺长度的尺段点1，并钉上木桩(桩顶高出地面10～20 cm)，且使木桩在十字丝纵丝上，该桩称为尺段桩。最后沿纵丝在桩顶前后各标一点，通过两点绘出方向线，再加一横线，使之构成“十”字，作为尺段丈量的标志。同法钉出2，3，…等尺段桩。高精度量距时，为了减小视准轴误差的影响，可采用盘左盘右分中法定线。

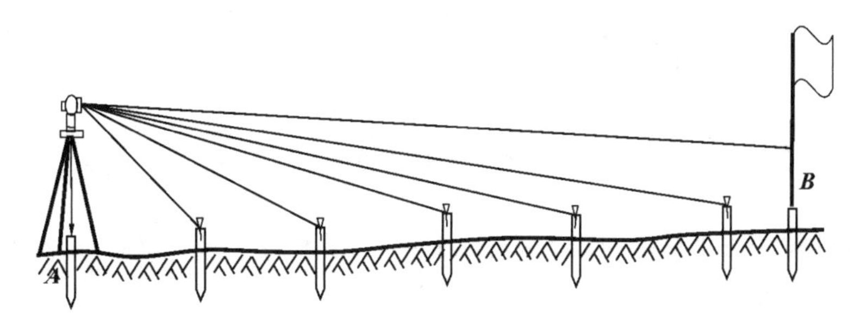

图4-3 经纬仪定线

2. 钢尺量距的一般方法

钢尺量距的方法有平量法和斜量法两种。当地势起伏不大时，可将钢尺拉平丈量，如图4-4所示。丈量由A点向B点进行，甲立于A点，指挥乙将尺拉在AB方向线上。甲将尺的零端对准A点，乙将钢尺抬高，并且目估使钢尺水平，然后用垂球尖将尺段的末端投影到地面上，插上测钎。若地面倾斜较大，将钢尺抬平有困难时，可将一个尺段分成几个小段来平量。

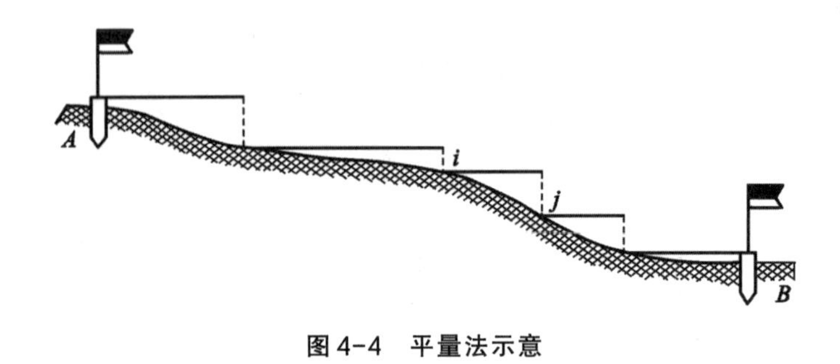

图4-4　平量法示意

采用平量法量距，A，B两点间的水平距离为：

$$D_{AB}=n\times 尺段长+余长 \tag{4-1}$$

式中，n为整尺段数。

当地面的坡度比较均匀时，如图4-5所示，可以沿着斜坡丈量出A，B点的斜距L，测出地面倾斜角α或两端点的高差h。然后按下式计算A，B点的水平距离D：

$$D=L\cos\alpha=\sqrt{L^2-h^2} \tag{4-2}$$

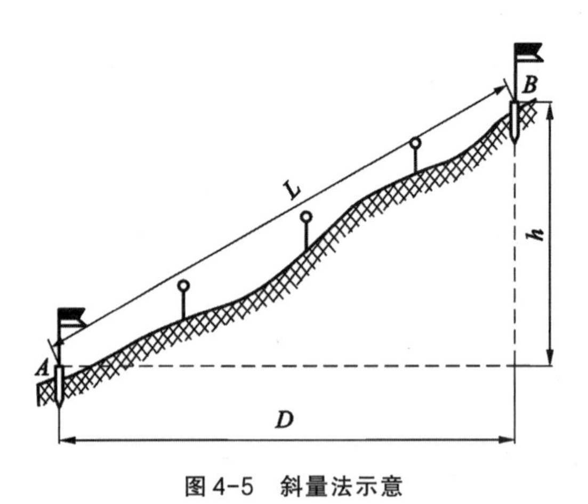

图4-5　斜量法示意

为了防止丈量中发生错误和提高量距的精度，需要往返丈量。返测时，要重新定线。往返丈量距离的相对误差K定义为：

$$K = \frac{|D_{AB} - D_{BA}|}{D_{AB}} \tag{4-3}$$

式中,D_{AB}为往返丈量距离的平均值。在计算距离较差的相对误差时,一般化成分子为1的分式,相对误差的分母越大,说明量距的精度越高。对于图根钢尺量距导线,钢尺量距往返丈量较差的相对误差一般不应大于1/3000;如果量距的相对较差没有超过规定,可取距离往返丈量的平均值D_{AB}作为两点间的水平距离。

【例4.1】A,B的往测距离为187.530 m,返测距离为187.580 m,往返平均数为187.555 m,则测量AB的相对误差K为:

$$K = \frac{|187.530 - 187.580|}{187.555} = \frac{1}{13751} < \frac{1}{3000}。$$

3. 钢尺量距的精密方法

钢尺量距的一般方法,量距精度只能达到1/1000～1/5000。但精度要求达到1/10000以上时,应采用精密量距的方法。精密方法量距与一般方法量距的基本步骤相同,不过精密量距在丈量时采用较为精密的方法,并对一些影响因素进行了相应的计算改正。

精密方法量距的主要工具有钢尺、弹簧秤、温度计等。其中,钢尺必须经过检验,包括尺长改正、温度改正、倾斜改正。本教材不讨论钢尺量距的精密部分内容。

4. 钢尺量距的误差分析及注意事项

影响钢尺量距精度的因素很多,主要有定线误差、尺长误差、温度测定误差、钢尺倾斜误差、拉力不均误差、钢尺对准误差、读数误差等。

钢尺在使用中应注意以下几点:

(1)钢尺易生锈。工作结束后,应用软布擦去尺上的泥和水,涂上机油,以防生锈。

(2)钢尺易折断。如果钢尺出现卷曲,切不可用力硬拉。

(3)在行人和车辆多的地区量距时,中间要有专人监护,严防尺被车辆压断。

(4)不准将尺子沿地面拖拉,以免磨损尺面刻划线。

(5)收钢尺卷时,应按顺时针方向转动钢尺摇柄:切不可逆转,以免折断钢尺。

任务三 直线定向

◎学习目标:了解直线定向的概念,掌握直线定线三种标准方向、三种方位角及其关系。了解象限角的概念,掌握象限角的定位方法。

◎合格标准及要求：掌握坐标方位角的计算，能根据公式进行正确计算。掌握罗盘仪组成，会使用罗盘仪测定磁方位角。

知识储备

为了确定地面上两点间平面位置的相对关系，除了测定两点间的水平距离外，还必须确定这条直线的方向。确定地面直线与标准方向间的水平夹角称为直线定向。进行直线定向，首先要选定一个标准方向作为定向基准，然后用直线与标准方向的水平夹角来表示该直线的方向。

1. 直线定向

(1)标准方向

测量工作中常用的标准方向有以下三种。

①真子午线方向

如图4-6所示，地表任一点P与地球旋转轴所组成的平面，与地球表面的交线称为P点的真子午线；真子午线在P点的切线方向称为P点的真子午线方向，可以应用天文测量方法或者陀螺经纬仪来测定地表任一点的真子午线方向。

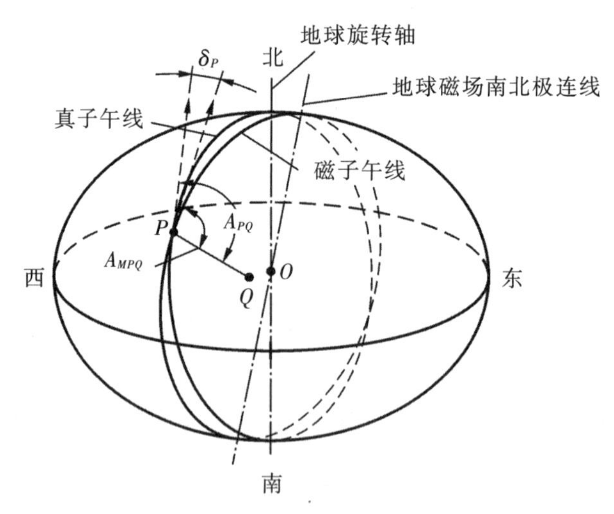

图4-6　真方位角与磁方位角的关系

②磁子午线方向

地表任一点P与地球磁场南北极连线所组成的平面，与地球表面交线称为P点的磁子午线；磁子午线在P点的切线方向称为P点的磁子午线方向，可以应用罗盘仪来测定。在P

点安置罗盘，磁针自由静止时其轴线所指的方向，即为P点的磁子午线方向。

③坐标纵轴方向

过地表任一点P且与其所在高斯平面直角坐标系或者假定坐标系的坐标纵轴平行的直线称为P点的坐标纵轴方向。在同一投影带中，各点的坐标纵轴方向是相互平行的。

(2)直线定向的方法

测量工作中，常采用方位角或象限角表示直线的方向。

方位角定义：从直线起始点的标准方向的北端起，顺时针到直线的水平夹角称为方位角。方位角的取值范围是0°～360°。不同的标准方向所对应的方位角分别称为真方位角（用A表示）、磁方位角（用A_m表示）和坐标方位角（用α表示）。利用上述三个标准方向，可以对地表任一直线PQ定义三个方位角。

①真方位角

由过P点的真子午线方向的北端起，顺时针到PQ的水平夹角，称PQ的真子午线方位角，用A_{PQ}表示。

水准测量是利用水准仪能提供一条水平视线，借助水准尺的读数来测定地面两点间的高差，并由已知点的高程推算出未知点的高程。

②磁方位角

由过P点的磁子午线方向的北端起，顺时针到PQ的水平夹角，称PQ的磁子午线方位角，用A_{mPQ}表示。

③坐标方位角

由过P点的坐标纵轴方向的北端起，顺时针到PQ的水平夹角，称PQ的坐标方位角，用α_{PQ}表示。

(3)三种方位角之间的关系

讨论任一直线PQ的三种方位角之间的关系，实际上就是讨论过P点的三种标准方向之间的关系。

①真方位角A_{PQ}与磁方位角A_{mPQ}的关系

由于地球的南北极与地球磁场的南北极不重合，过地表任一点P的真子午线方向与磁子午线方向也不重合，两者间的水平夹角称为磁偏角，用δ_P表示。其正负的定义为：以真子午线方向北端为基准，磁子午线方向北端偏东，$\delta_P > 0$；偏西，$\delta_P < 0$。图4-6中的$\delta_P > 0$，由图可得：

$$A_{PQ} = A_{mPQ} + \delta_P \tag{4-4}$$

我国磁偏角的变化大约在+6°～-10°之间。

②真方位角A_{PQ}与坐标方位角α_{PQ}的关系

如图4-7所示，在高斯平面直角坐标系中，过其内任一点P的真子午线是收敛于地球旋转轴南北两极的曲线。所以，只要P点不在赤道上，其真子午线方向与坐标纵轴方向就不重合，两者间的水平夹角称为子午线收敛角，用γ_P表示。其正负的定义为：以真子午线方向北端为基准，坐标纵轴方向北端偏东，$\gamma_P > 0$；偏西，$\gamma_P < 0$。图4-7中的$\gamma_P > 0$，由图可得：

$$A_{PQ} = \alpha_{PQ} + \gamma_P \tag{4-5}$$

其中，P点的子午线收敛角可按下列公式计算：

$$\gamma_P = (L_P - L_0)\sin BP \tag{4-6}$$

式中，L_0为P点所在中央子午线的经度；L_P，B_P为分别为P点的大地经度和纬度。

③坐标方位角与磁方位角的关系

由式(4-5)和式(4-6)可得：

$$\alpha_{PQ} = A_{mPQ} + \delta_P - \gamma_P \tag{4-7}$$

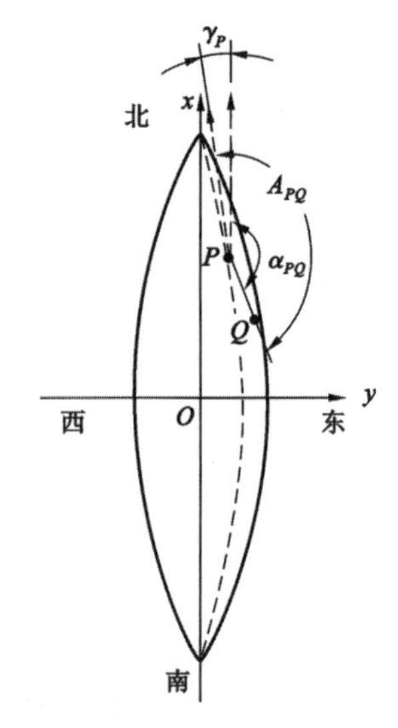

图4-7　真方位角与坐标方位角的关系

(4)象限角

直线与标准方向线所夹的锐角称为象限角。象限角的取值范围为0°～90°，用R表示。平面直角坐标系分为四个象限，以Ⅰ、Ⅱ、Ⅲ、Ⅳ表示。由于象限角可以自北端或南端量起，所以表示直线方向时，不仅要注明其角度大小，而且要注明其所在象限。如图4-8所示，直线OA，OB，OC，OD分别位于四个象限中，其名称分别为北东(NE)、南东(SE)、南西(SW)和北西(NW)。方位角和象限角可以互相换算，换算方法见表4-1。

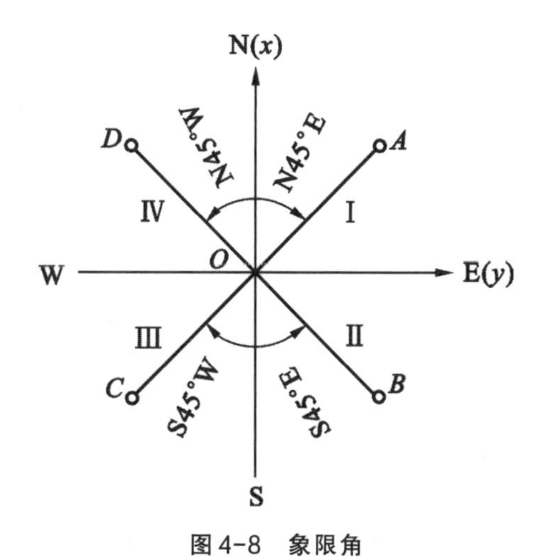

图4-8　象限角

表4-1　方位角和象限角的关系

象　限		由方位角α求象限角R	由象限角R求方位角α
编　号	名　称		
Ⅰ	北东NE	$R=\alpha$	$\alpha=R$
Ⅱ	南东SE	$R=180°-\alpha$	$\alpha=180°-R$
Ⅲ	南西SW	$R=\alpha-180°$	$\alpha=180°+R$
Ⅳ	北西NW	$R=360°-\alpha$	$\alpha=360°-R$

2. 坐标方位角的计算

普通测量中，应用最多的是坐标方位角。在以后的讨论中，除非特别声明，所提及的方位角均指坐标方位角。

(1)由已知点的坐标反算坐标方位角

由图4-9所示的坐标增量三角形可得

$$R_{AB}=\arctan\frac{\Delta y_{AB}}{\Delta x_{AB}} \tag{4-8}$$

式中，$\Delta x_{AB}=x_B-x_A$为边长$A\rightarrow B$的纵坐标增量；

$\Delta y_{AB}=y_B-y_A$为边长$A\rightarrow B$的横坐标增量；

R_{AB}为$A\rightarrow B$的象限角。

如果将边长AB看成一个矢量，则它的x,y坐标增量就是边长矢量在x,y轴方向的投影分量。根据力学的力三角形法则，标出边长$A\rightarrow B$的x,y坐标增量的方向，如图4-9所示。可以根据边长的坐标增量方向与对应坐标轴方向的关系来判别坐标增量的正负。当坐标增量方向与对应坐标轴方向相同时，坐标增量为正；反之，则为负。图4-9中的Δx_{AB}，Δy_{AB}均为负，所以象限角R_{AB}位于第三象限，由式(4-8)所得的象限角$R_{AB}>0$。根据坐标方位角的定义，由图4-9可得坐标方位角与象限角的关系为：

$$\alpha_{AB}=180°+R_{AB} \tag{4-9}$$

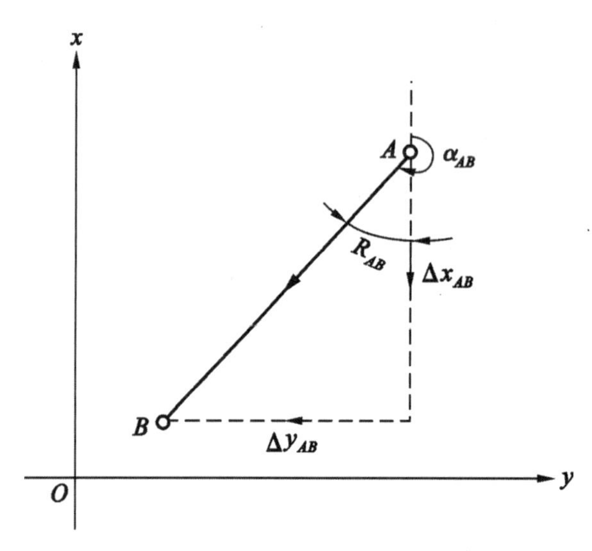

图4-9　由坐标反算坐标方位角

图4-10以坐标增量Δx_{AB}、Δy_{AB}为纵、横轴，画出了当象限角R_{AB}分别位于第一、二、三、四象限时，其坐标方位角与象限角的关系（见表4-1）。由图可以总结出坐标方位角与坐标增量的正负关系，见表4-2。

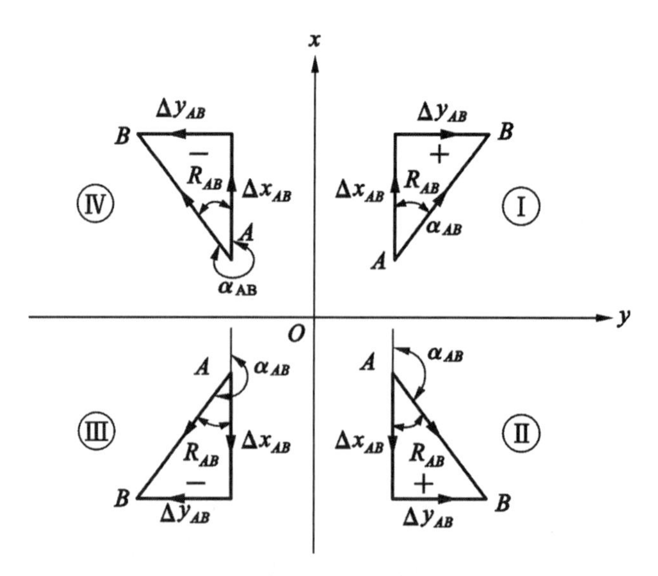

图4-10　象限角与方位角的关系

表 4-2　坐标增量正负号

象限	坐标方位角	cosα	sinα	Δx	Δy
Ⅰ	0° ~ 90°	+	+	+	+
Ⅱ	90° ~ 180°	−	+	−	+
Ⅲ	180° ~ 270°	−	−	−	−
Ⅳ	270° ~ 360°	+	−	+	−

【例 4.2】图 4-9 中 A,B 两点的坐标分别为 x_A=512.652 m,y_A=847.389 m,x_B=315.645 m,y_B=694.021 m,计算 AB 坐标方位角 α_{AB}。

解:$\Delta x_{AB}=x_B-x_A=315.645-512.652=-197.007$(m)

$\Delta y_{AB}=y_B-y_A=694.021-847.389=-153.368$(m)

$$R_{AB}=\arctan\frac{\Delta y_{\rm AB}}{\Delta x_{\rm AB}}=\arctan\frac{-153.368}{-197.007}=37°54'01''$$

因 $\Delta x_{AB}<0$,$\Delta y_{AB}<0$,所以象限角位于第三象限,故坐标方位角为:$\alpha_{AB}=R_{AB}+180°=217°54'01''$。

(2)正、反坐标方位角

正、反坐标方位角是一个相对概念,如果称 α_{AB} 为正方位角,则 α_{BA} 就是 α_{AB} 的反方位角;反之,亦然。由图 4-11 容易看出,正、反坐标方位角的关系为:

$$\alpha_{BA}=\alpha_{AB}\pm 180° \tag{4-10}$$

上式等号右边第二项 180°前正负号的规律为:当 $\alpha_{AB}<180°$时取正号,$\alpha_{AB}>180°$时取负号,这样就可以确保求得的反坐标方位角一定满足方位角的取值范围(0° ~ 360°)。

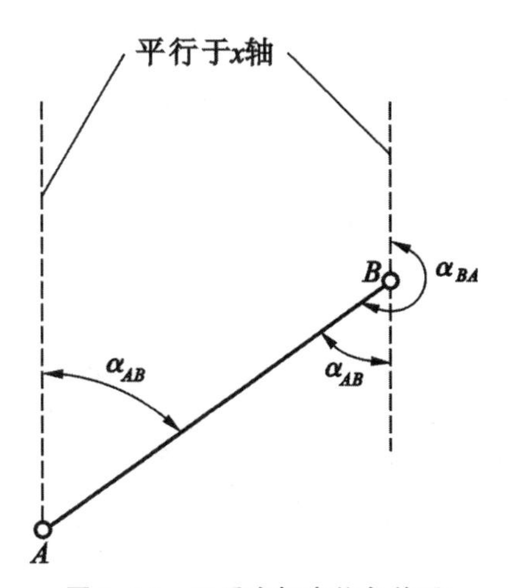

图 4-11　正反坐标方位角关系

(3)坐标方位角推算

在实际工作中并不需要测定每条直线坐标方位角,而是通过与已知坐标方位角的直线联测后,推算出各条直线的坐标方位角。

如图4-12所示,已知$A \rightarrow B$的坐标方位角α_{AB},用经纬仪观测了水平角β,求$B \rightarrow 1$的坐标方位角α_{B1}。分别过A,B点作x轴的平行线,如图中虚线所示。根据坐标方位角的定义及图中的几何关系容易得出:

$$\alpha_{B1} = \alpha_{AB} - 180° + \beta = \alpha_{AB} + \beta - 180° \tag{4-11}$$

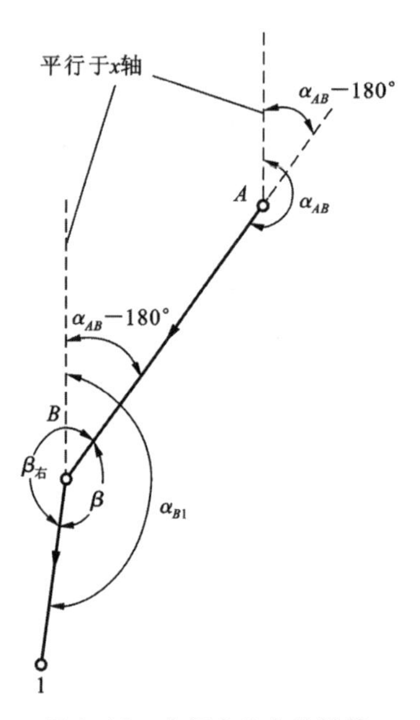

图4-12　坐标方位角的推算

由于观测的水平角β位于坐标方位角推算路线$A \rightarrow B \rightarrow 1$的左边,所以称$\beta$角相对于上述推算路线为左角。如果观测的是右角$\beta_{右}$,则有$\beta=360°-\beta_{右}$,将其代入式(4-10),得:

$$\alpha_{B1} = \alpha_{AB} - \beta_{右} + 180° \tag{4-12}$$

式(4-11)和式(4-12)就是坐标方位角的推算公式。由此可以写出推算坐标方位角的一般公式为:

$$\alpha_{前} = \alpha_{后} + \begin{Bmatrix} +\beta_{左} \\ -\beta_{右} \end{Bmatrix} \pm 180° \tag{4-13}$$

式中,用$\beta_{左}$推算时是加$\beta_{左}$,用$\beta_{右}$推算时是减$\beta_{右}$,简称“左加右减”。等号右边最后一项180°前正负号的取号规律是:当等号右边前两项的计算结果小于180°时取正号,大于180°时取负号。若计算的前进边坐标方位角在0°~360°之间,则就是正确的坐标方位角;若按此顺序计算的坐标方位角大于360°,再减360°;若小于0°,再加360°。这样就可以确保求得的坐标方位角一定满足方位角的取值范围(0°～360°)。

【例 4.3】如图 4-13,已知起始边 AB 的坐标方位角为 40°48′00″,观测角如图 4-13 所示。试求多边形 BC,CD,DA 的坐标方位角。

解:由题意知,计算坐标方位角的路线为 $ABCDA$,因此观测角度变成前进方向的右角,由式(4-13)可得:

α_{BC}=40°48′00″−89°34′06″+180°=131°13′54″

α_{CD}=131°13′54″−73°00′24″+180°=238°13′30″

α_{DA}=238°13′30″−107°48′42″+180°=310°24′48″

检核:

α_{AB}=310°24′48″−89°36′48″−180°=40°48′00″

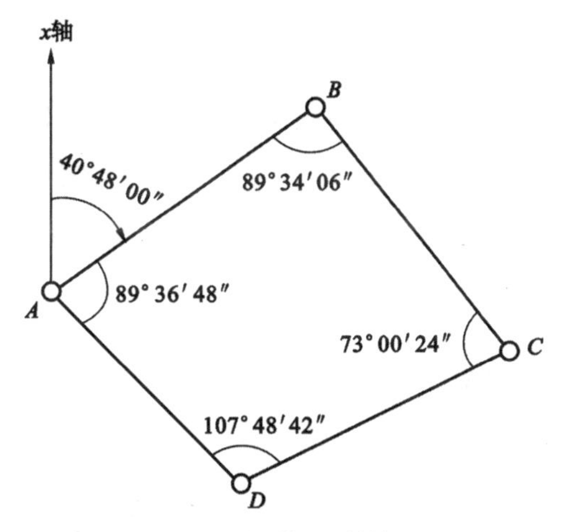

4-13　导线观测数据

【例 4.4】如图4-14,已知α_{AB}=143°26′38″,观测所得的左角为β_B=260°13′24″,β_1=333°42′35″,β_2=107°48′27″。试计算各边的坐标方位角。

解:由题意知,观测角度为前进方向的左角,由式(4-11)可得:

α_{B1}=143°26′38″+260°13′24″−180°=223°40′02″

α_{12}=(223°40′02″+333°42′35″−180°)−360°=17°22′37″

α_{23}=17°22′37″+107°48′27″+180°=305°11′04″

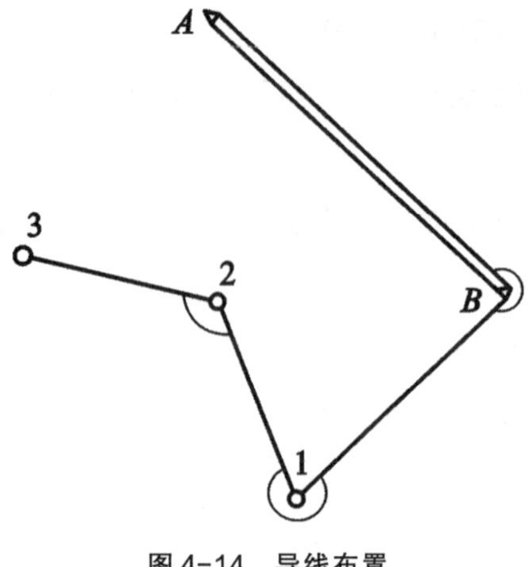

图 4-14　导线布置

3. 用罗盘仪测定磁方位角

(1)罗盘仪的构造

罗盘仪是测量直线磁方位角的仪器,如图 4-15 所示。该仪器构造简单,使用方便,但精度不高,外界环境对仪器的影响较大,如钢铁建筑和高压电线都会影响其精度。当测区内没有国家控制点可用而需要在小范围内建立假定坐标系的平面控制网时,可用罗盘仪测量磁方位角,作为该控制网起始边的坐标方位角。

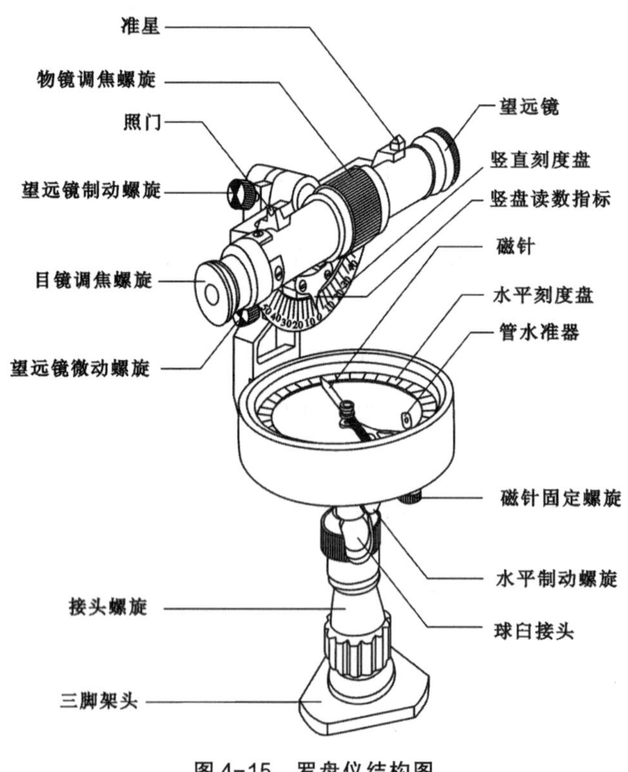

图 4-15　罗盘仪结构图

罗盘仪的主要部件有磁针、刻度盘、望远镜和基座。

①磁针用人造磁铁制成，磁针在度盘中心的顶针尖上可自由转动。为了减轻顶针尖的磨损，在不用时，可用位于底部的固定螺旋升高杠杆，将磁针固定在玻璃盖上，如图4-16所示。

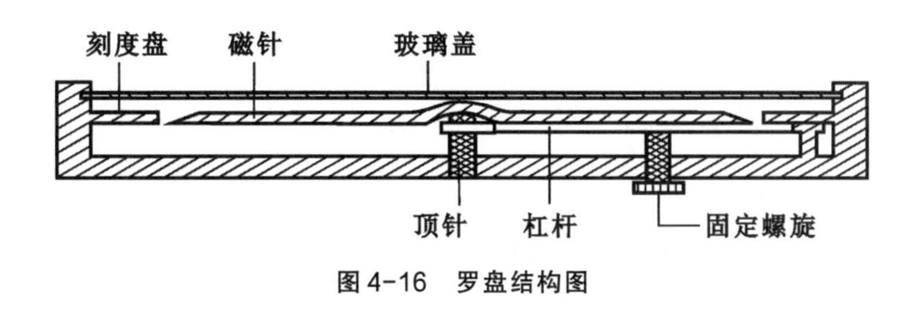

图4-16　罗盘结构图

②刻度盘用钢或铝制成的圆环，随望远镜一起转动，每隔10°有一注记，按逆时针方向从0°注记到360°，最小分划为1°或30′。刻度盘内装有一个圆水准器或者两个相互垂直的管水准器，用手控制气泡居中，使罗盘仪水平。

③望远镜。罗盘仪的望远镜与经纬仪的望远镜结构基本相似，也有物镜对光、目镜对光螺旋和十字丝分划板等，其望远镜的视准轴与刻度盘的0°分划线共面，如图4-17所示。

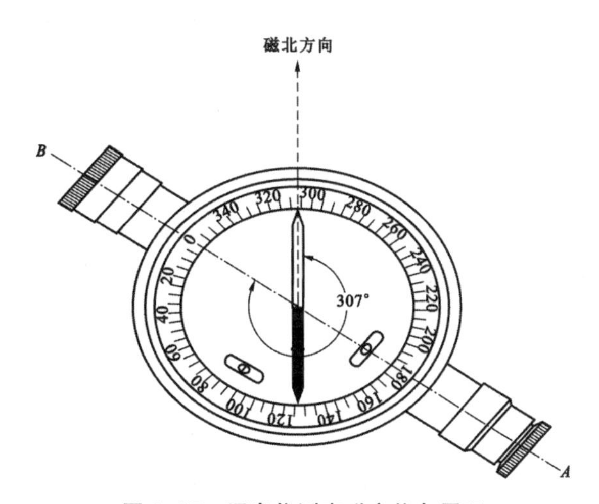

图4-17　罗盘仪测定磁方位角原理

④基座采用球臼结构，松开球臼接头螺旋可摆动刻度盘，使水准气泡居中，度盘处于水平位置，然后拧紧接头螺旋。

(2)用罗盘仪测定磁方位角的方法

①将罗盘仪安置在直线起点A，挂上垂球对中后，松开球臼接头螺旋，用手前、后、左、右转动刻度盘，使水准器气泡居中，拧紧球臼接头螺旋，使仪器处于对中和整平状态，在直线的另一端B点竖立标志(花杆)。

②松开罗盘盒制动螺旋，转动望远镜，照准直线另一端B点的标志。

③松开磁针固定螺旋，让它自由转动。然后转动罗盘，用望远镜照准B点标志，待磁针静止后，按磁针北端所指的度盘分划值读数，即为AB边的磁方位角角值。如图4-17所示，直线AB的磁方位角A_m=307°，如果测量时使用象限罗盘，那么磁针北端所指示的刻度盘读数即为磁象限角。

(3)注意事项

①罗盘仪使用时，要避开高压电线和避免铁质物体接近罗盘，以免影响磁针指北的精度。

②在测量结束后，要旋紧固定螺旋将磁针固定，防止磨损顶针，以保护磁针灵活自由地转动。

任务四　视距测量

◎学习目标：通过学习，要求了解视距测量的概念和原理。

◎技能标准及要求：掌握视距测量的方法，会进行视距测量的观测和计算，会进行视距测量的误差分析。

知识储备

视距测量是一种根据几何光学原理，用简便的操作方法即能迅速测出两点间距离的方法。

1. 视距测量概述

视距测量是一种间接测距方法。普通视距测量所用的视距装置是测量仪器望远镜内十字丝分划板上的视距丝，视距丝是与十字丝横丝平行、间距相等的上、下两根短丝。普通视距测量是利用十字丝分划板上的视距丝和刻有厘米分划的视距尺(可用普通水准尺代替)，根据几何光学原理，测定两点间的水平距离。由于十字丝分划板上、下视距丝的位置固定，因此通过视距丝的视线所形成的夹角(视角)也是不变的，所以这种方法又称为定角视距测量。视线水平时，视距测量测得的是水平距离。如果视线是倾斜的，为求得水平距离，还应测出竖直角。有了竖直角，也可以求得测站至目标的高差。所以说视距测量也是一种能同时测得两点之间距离和高差的测量方法。

视距测量操作简单，作业方便，观测速度快，一般不受地形条件的限制。但测程较短，测距精度较低，在比较好的外界条件下测距相对精度仅有1/200～1/300，低于钢尺量距；测定高差的精度低于水准测量和三角高程测量。视距测量广泛运用于地形测量的碎部测量。

2. 视距测量的原理

(1)视准轴水平时的视距计算公式

如图4-18所示，AB为待测距离，在A点安置经纬仪，B点竖立视距尺，设望远镜视线水平（使竖直角为零，即竖直度盘读数为90°或270°），瞄准B点的视距尺，此时视线与视距尺垂直。

图4-18中，$p=mn$为望远镜上、下视距丝的间距，$l=NM$为视距间隔，f为望远镜物镜焦距，δ为物镜中心到仪器中心的距离。

由于望远镜上、下视距丝的间距p固定。因此从这两根视距丝引出去的视线在竖直面内的夹角φ也是固定的。设由上、下视距丝n，m引出去的视线在标尺上的交点分别为N，M，则在望远镜视场内可以通过读取交点的读数N，M求出视距间隔l。

如图4-18所示的视距间隔为：l=下丝读数-上丝读数=1.385-1.188=0.197(m)。

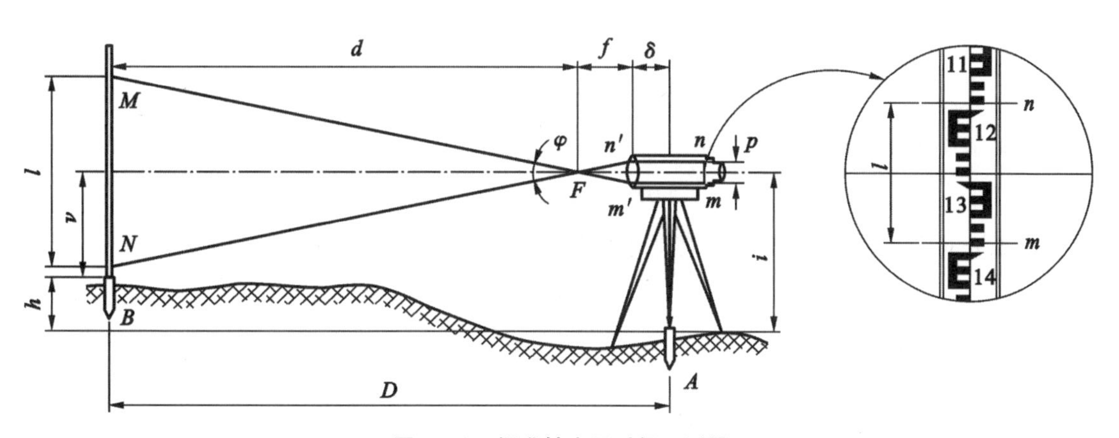

图4-18　视准轴水平时视距测量

由于△$n'm'F$相似于△NMF，所以有$\frac{d}{f}=\frac{l}{P}$，则：

$$d=\frac{fl}{P} \tag{4-14}$$

结合式(4-14)，由图4-18得：

$$D=d+f+\delta=\frac{fl}{P}+f+\delta \tag{4-15}$$

令 $K=\dfrac{f}{P}$，$C=f+\delta$，则有：

$$D=Kl+C \tag{4-16}$$

式中，K，C 分别为视距乘常数和视距加常数。设计制造仪器时，通常使 K=100，C 接近于零。因此，视准轴水平时的视距计算公式为：

$$D=Kl=100l \tag{4-17}$$

如果再在望远镜中读出中丝读数 ν（或者取上、下丝读数的平均值），用小钢尺量出仪器高 i，则 A，B 两点的高差为：

$$h=i-\nu \tag{4-18}$$

如图 4-18 中对应的视距为：

$$D=100\times0.197=19.7(\mathrm{m})$$

(2)视准轴倾斜时的视距计算公式

如图 4-19 所示，当视准轴倾斜时，由于视线不垂直于视距尺，所以不能直接应用式(4-18)计算视距。由于 φ 角很小，约为 34′，所以有 $\angle MOM'=\alpha$，即只要将视距尺线与望远镜视线的交点 O 旋转如图所示的 α 角后就能与视线垂直，并有：

$$l'=l\cos\alpha \tag{4-19}$$

则望远镜旋转中心 Q 与视距尺旋转中心 O 的视距为：

$$L=Kl'=Kl\cos\alpha \tag{4-20}$$

由此求得 A，B 两点间的水平距离为：

$$D=L\cos\alpha=Kl\cos^2\alpha \tag{4-21}$$

设 A，B 的高差为 h，由图 4-19 可列出方程：

$$h+\nu=h'+i \tag{4-22}$$

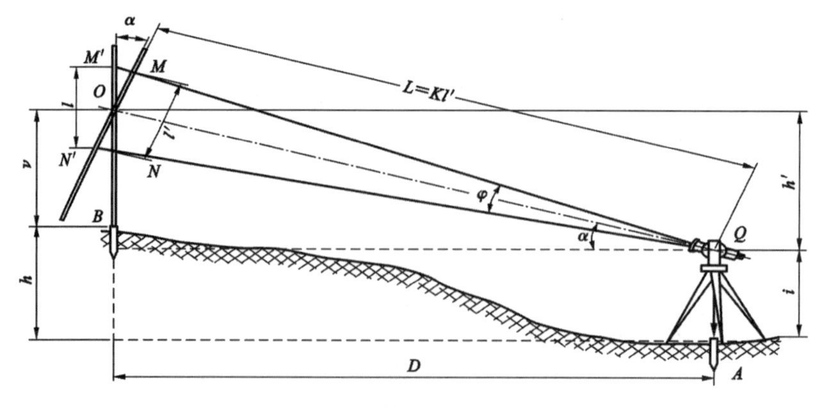

图 4-19　视准轴倾斜时的视距测量

式中，$h'=L\sin\alpha=Kl\cos\alpha\sin\alpha=\frac{1}{2}Kl\sin2\alpha$，或者 $h'=D\tan\alpha$，h' 称为初算高差。将其代入上式，得高差计算公式为：

$$h=h'+i-v=\frac{1}{2}Kl\sin2\alpha+i-v=D\tan\alpha+i-v \tag{4-23}$$

3. 视距测量的观测和计算

视距测量主要用于地形测量，测定测站至地形点的水平距离及地形点的高程。视距测量的观测按下列步骤进行：

（1）在控制点 A 上安置经纬仪，作为测站点。量取仪器高 i（取至厘米数），并抄录测站点的高程 H_A（也取至厘米数）。

（2）立标尺于欲测定其位置的地形点上，尽量使尺子竖直，尺面对准仪器。

（3）视距测量一般用经纬仪盘左位置进行观测。望远镜瞄准标尺后，消除视差读取下丝读数 m 及上丝读数 n（读取米、分米、厘米，估读至毫米数），计算视距间隔 $l=m-n$；也可以直接读出视距间隔，其方法为旋转望远镜微动螺旋，使上丝对准标尺上某一整分米数，并迅速估读下丝的毫米数，再读取其分米及厘米数，用心算得到视距间隔 l，读取中丝的读数 v（读至厘米数）；使竖盘水准管气泡居中，读取竖盘读数（若竖盘指标自动归零，则打开竖盘指标补偿器开关，直接读数）。

（4）按公式计算出水平距离和高差，然后根据 A 点高程计算出 B 点高程。视距测量时，可以采用电子计算器、特别是编程计算器进行计算。可根据竖直角的计算公式，将视距测量公式进行变换，如果 $\alpha=90°-L$，则视距测量公式变换成：

$$\begin{cases} D=Kl\,sin^2L \\ H=H_A+\frac{1}{2}Kl\,sin^2L-v \end{cases} \tag{4-24}$$

以上完成对一个点的观测，然后重复步骤（2）（3）（4），测定另一个点。

在十分平坦的地区也可以用水准仪代替经纬仪，采用视准轴水平时的视距测量方法。

【**例4.5**】在 M 点安置经纬仪，N 点竖立标尺，M 点高程 $H_M=65.32$ m。量得仪器高 $i=1.39$ m，测得上、下视距丝读数分别为 1.264 m，2.336 m，盘左观测的竖盘读数为 $L=82°26'00''$，仪器的竖盘指标差为 $x=+1'$。求 M，N 两点间的水平距离、高差及 N 点高程。

解：视距间隔为 $l=2.336-1.264=1.072$（m）

竖直角为 $\alpha=90°-L+x=90°-82°26'00''+1'=7°35'$

水平距离为 $D=Kl\cos2\alpha=105.33$（m）

中丝读数为 $v=\frac{1}{2}$（上丝读数+下丝读数）=1.8（m）

高差为 $h_{MN}=D\tan\alpha+i-v=+13.61$(m)

N 点的高程为 $H_N=H_M+h_{MN}=65.32+13.61=78.93$(m)

4. 视距测量的误差分析及注意事项

(1)视距测量的误差

视距测量的误差主要来源有视距丝在标尺上的读数误差、标尺不竖直的误差、垂直角观测误差及外界气象条件的影响造成的误差等。

①读数误差

视距间隔 l 由上、下视距丝在标尺上读数相减得到,由于视距常数 $K=100$,因此视距丝的读数误差将扩大100倍地影响所测距离。即读数误差如为1 mm,则影响距离为0.1 m。所以,在标尺上读数前,必须消除视差,读数时应十分仔细。另外,由于竖立标尺者不可能使标尺完全稳定不动,因此上、下视距丝读数应几乎同时进行。建议应用经纬仪的竖盘微动螺旋将上丝对准标尺的整分米分划后,立即估读下丝的读数;同时还要注意视距测量的距离不能太长,因为测量的距离越长,视距标尺1 cm分划的长度在望远镜十字丝分划板上的成像长度就越小,读数误差就越大。

②标尺不竖直误差

标尺倾斜对测定水平距离的影响随视准轴垂直角的增大而增大。在山区测量时,要特别注意将标尺竖直。视距标尺上一般装有水准器,立尺者在观测者读数时应参照尺上的水准器来保持标尺竖直及稳定。

③垂直角观测误差

垂直角观测误差在垂直角不大时,对水平距离的影响较小,主要是影响高差。由于视距测量时通常是用竖盘的一个位置(盘左或盘右)进行观测,因此事先必须对竖盘的指标差进行检验和校正,使其尽可能小;或者每次测量之前测定指标差,在计算垂直角时加以改正。

④外界气象条件的影响

大气折光的影响。视线穿过大气时会产生折射,其光程从直线变为曲线,造成误差。由于视线靠近地面,折光大,所以规定视线应高出地面1 m以上。

空气湍流的影响。空气的湍流使视距成像不稳定,造成视距误差。当视线接近地面或水面时,这种现象更为严重,所以视线要高出地面1 m以上。此外,风和空气能见度对视距测量也会产生影响。风力过大,尺子会抖动,空气中灰尘和水汽会使视距尺成像不清晰,造成读数误差,所以应选择良好的天气进行测量。

在以上各种误差来源中,①②两种误差的影响最为突出,必须注意。根据实践资料分析,在比较良好的外界条件下,距离在200 m以内,视距测量的相对误差约为1/300。

(2)注意事项

①观测时应抬高视线,使视线距地面在1 m以上,以减少垂直折光和空气湍流的影响。

②为减少水准尺倾斜误差的影响,在立尺时应将水准尺竖直,尽量采用带有水准器的水准尺。

③水准尺一般应选择整尺,如用塔尺,应注意检查各节的接头处是否正确。

④竖直角观测时,应注意将竖盘水准管气泡居中,或将竖盘自动补偿开关打开。在观测前,应对竖盘指标差进行检验与校正,确保竖盘指标差满足要求。

⑤观测时应选择风力较小、成像较稳定的情况下进行。

项目五　建筑施工测量

任务一　施工测量概述

◎学习目标：通过学习和实训，要求了解施工测量的基本概念，掌握地面点平面位置的测设，建筑施工控制测量的形式和建筑物的定位、放线方法。

◎技能标准及要求：能运用水准仪、经纬仪、全站仪和钢尺等测量工具，进行地面点的放样和建筑的定位、放线，并符合相关精度要求。

知识储备

1. 施工测量的目的与任务

施工测量是以地面控制点为基础，根据图纸上建筑物的设计数据，计算出建(构)筑物各特征点与控制点之间的距离、角度、高差等数据，将建(构)筑物的特征点在实地标定出来，以便施工。这项工作称为测设，又称施工放样。施工测量的目的与一般测图工作相反，它是按照设计和施工的要求将设计的建(构)筑物的平面位置和高程测设在地面上，作为施工的依据，并在施工过程中进行一系列的测量工作，以衔接和指导各工序之间的施工。

施工测量贯穿于整个施工过程之中。从场地平整、建筑物定位、基础施工，到建(构)筑物构件安装等工序，都需要通过施工测量，才能使建(构)筑物各部分的尺寸、位置符合设计要求。其主要任务包括以下几项：

(1)施工控制网的建立。在施工场地建立施工控制网，作为建(构)筑物详细测设的依据。

(2)建(构)筑物的详细测设。将图纸上设计的建(构)筑物的平面位置和高程标定在实地上。

(3)检查、验收。每道施工工序完工之后，都要通过测量检查工程各部位的实际位置及高程是否符合设计要求。

(4)变形观测。随着施工的进展,测定建(构)筑物在平面和高程方面产生的位移和沉降,收集整理各种变形资料,作为鉴定工程质量和验证工程设计、施工是否合理的依据。

2. 施工测量的特点和要求

测绘地形图是将地面上的地物、地貌测绘在图纸上;而测设则和它相反,是将设计图纸上的建(构)筑物按其设计位置测设到相应的地面上。

施工测量工作与工程质量及施工进度有着密切的联系。测量人员必须了解设计的内容、性质及其对测量工作的精度要求,熟悉图纸的尺寸和高程数据,了解施工全过程,并掌握施工现场的变动情况,使施工测量工作能够与施工密切配合。

另外,施工现场工种多,交叉作业频繁,并有大量土石方填挖,地面变动很大,又有动力机械的振动。因此各种测量标志必须埋设在不易被破坏且稳固的位置,还应做到及时维护;如有破坏应及时恢复。

3. 施工测量的原则

为了保证施工能满足设计要求,施工测量与一般测图工作一样,也必须遵循“由整体到局部,先控制后碎部”的原则,即先在施工现场建立统一的施工控制网,然后以此为基础,再测设建(构)筑物的细部位置。采取这一原则,可以减少误差积累,保证测设精度,避免因建筑物众多而引起测设工作的紊乱。

4. 施工测量的精度

施工测量的精度取决于建(构)筑物的大小、材料、用途和施工方法等因素。一般情况下的测设精度,大型建(构)筑物高于中、小型建(构)筑物,高层建筑物高于低层建筑物,钢结构厂房高于钢筋混凝土结构厂房,装配式建筑物高于非装配式建筑物,工业建筑高于民用建筑。

另外,建(构)筑物施工期间和建成后的变形测量,关系到施工安全和建(构)筑物的质量,以及建成后的使用维护。所以,变形测量一般需要有较高的精度,并应及时提供变形数据,以便做出变形分析和预报。

任务二　地面点平面位置的测设

◎学习目标：掌握直角坐标法、极坐标法、交会法、全站仪坐标放样法测设地面点的平面位置，了解GPS(RTK)放样法。

◎技能标准及要求：能用直角坐标法、极坐标法、交会法测设地面点的平面位置，能熟练使用全站仪进行坐标方法并符合精度要求。

一、知识储备

1. 直角坐标法

当在施工现场有互相垂直的主轴线或方格网线时，可以用直角坐标法测设点的平面位置。如图5-1所示，已知某厂房矩形控制网4个角点A,B,C,D的坐标，设计总平面图中已确定某车间四角点1,2,3,4的设计坐标。现根据B点测设点1为例，说明其测设步骤。

(1)先算出B与点1的坐标差：$\Delta x_{B1}=x_1-x_B,\Delta y_{B1}=y_1-y_B$。

(2)在B点安置经纬仪，瞄准C点，在此方向上用钢尺量Δy_{B1}得E点。

(3)在E点安置经纬仪，瞄准C点，用盘左、盘右位置两次向左测设90°角，在两次平均后，方向$E1$上从E点起用钢尺量Δx_{B1}，即得车间角点1。再量x_4-x_1，即得点4。

(4)同法，从C点测设点2，从D点测设点3，从A点测设点4。

(5)检查车间的四个角是否等于90°，各边长度是否等于设计长度。若满足设计或规范要求，则测设为合格；否则应查明原因并重新测设。

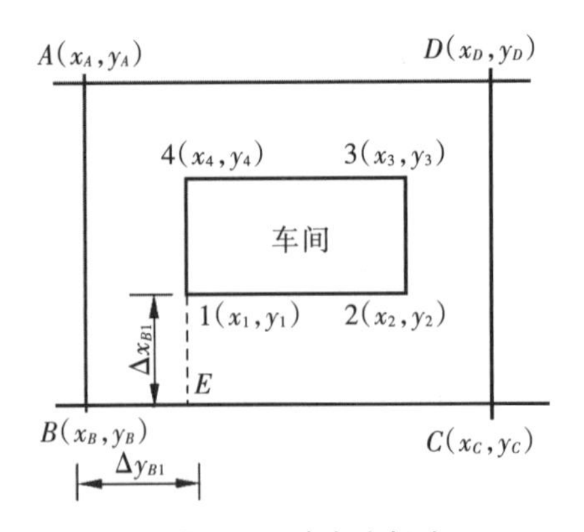

图5-1　直角坐标法

2. 极坐标法

如图5-2所示，A，B为已知点，其坐标为(x_A, y_A)，(x_B, y_B)，设计点P的坐标为(x_P, y_P)。测设P点位置的具体步骤如下：

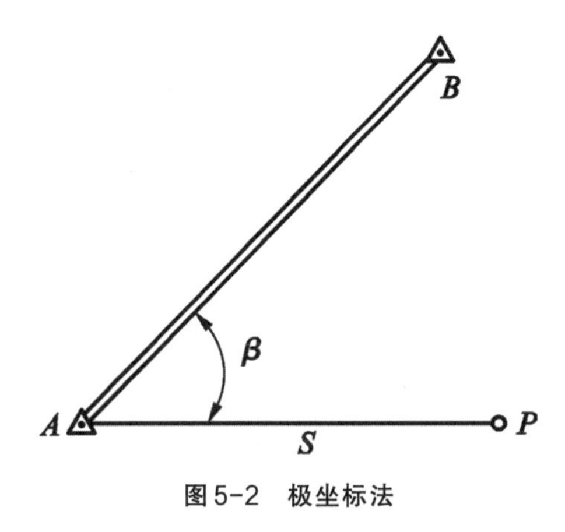

图5-2　极坐标法

①计算测设数据S与β。根据坐标反算公式得：

$$\alpha_{AB} = \arctan\frac{y_B - y_A}{x_B - x_A}$$

$$\alpha_{AP} = \arctan\frac{y_P - y_A}{x_P - x_A} \tag{5-1}$$

$$\beta = \alpha_{AB} - \alpha_{AP}$$

$$S = \sqrt{(x_P - x_A)^2 + (y_P - y_A)^2}$$

②将经纬仪安置在A点，对中、整平后照准B点，测设角度β，得AP方向。

沿AP方向测设长度S，即得P点位置。

3. 交会法

(1)角度交会法

本法系在量距困难地区，用两个已知水平角测设点位的方法颇收成效。但必须有第三个方向进行检核，以免错误。

如图5-3所示，A，B，C为三个控制点，其坐标为已知，P为待测设点，设计坐标亦为已知。先用坐标反算公式求出α_{AP}，α_{BP}和α_{CP}，然后由相应坐标方位角之差求出测设数据β_1，β_2，β_3和β_4，并按下述步骤测设。用经纬仪先定出P点的概略位置，在概略位置处打一个顶面积约为10 cm×10 cm的大木桩，然后在大木桩的顶面上精确测设。由观测者指挥，用铅笔分别在桩顶面的AP，BP，CP方向上各标定两点（见小图中α，p；b，p；c，p），将各方向上的两点连起来，就得 ap，bp，cp 三个方向线。三个方向线理应交于一点，但实际上由于测设误差的存在，将形成一个误差三角形。一般规定，当误差三角形的最大边长不超过 3～4 cm 时，取误差三角形内切圆的圆心或误差三角形角平分线的交点作为 P 点的最后位置。

应用此法测设时，宜使交会角 γ_1，γ_2 在 30°～150°之间，最好使交会角 γ 接近 90°，以提高交会点的精度。

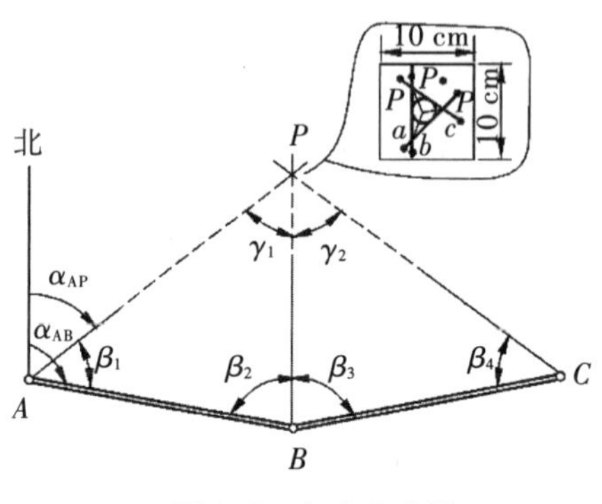

图 5-3　角度交会法

(2) 距离交会法

在便于量距，且边长较短时(例如不超过一钢尺长)的地区，宜用本法。如图 5-4，由已知控制点 A，B，C 测设房角点 l，2，根据控制点的已知坐标及 1，2 点的设计坐标，反算出放样数据：D_l 和 D_2、D_3 和 D_4。分别从 A，B，C 点用钢尺测设已知距离 D_l 和 D_2，D_3 和 D_4。D_l 和 D_2 的交点即为点 1，D_3 和 D_4 的交点即为点 2。最后测量 1，2 的距离，与设计距离比较作为校核。

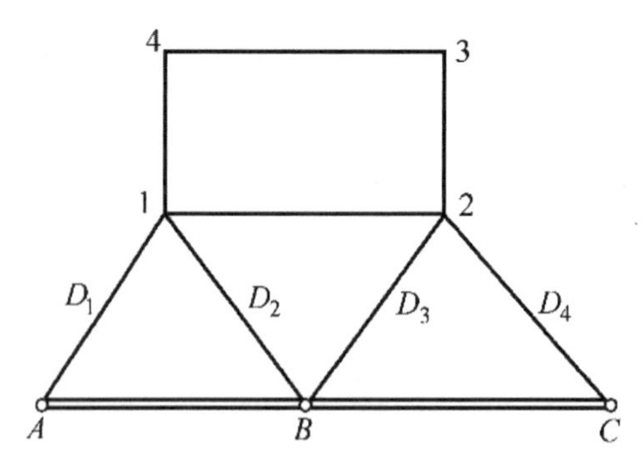

图 5-4　距离交会法

(3) 方向线交会法

方向线交会法就是利用两条相互垂直的方向线相交来定出测设点。一般在需要测设的点和线很多的情况下采用。例如根据厂房矩形控制网和柱列轴线进行柱基测设时，采用本法具有计算简便、交会精度高的优点。如图 5-5，T，U，R，S 为某厂房矩形控制网角点，为了测设P点，先在矩形网的边上量距，确定方向线的定向点1及1′，2及2′的位置。然后在定向点1与2上安置经纬仪瞄准对应的定向点1′与2′，形成方向线11′与22′，两方向线的交点就是所需的测设点P。

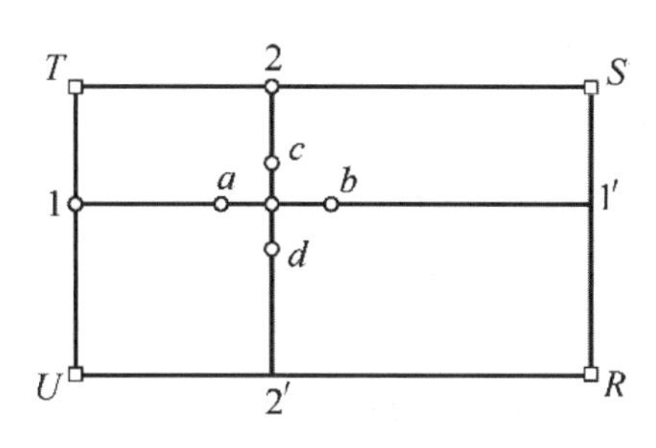

图5-5　方向交会法

4. 全站仪坐标放样法

全站仪坐标放样法充分利用了全站仪测角、测距和计算一体化的特点，只需知道待放样点的坐标，不需事先计算放样要素，就可在现场放样，而且操作十分方便，如图5-6。目前，全站仪的使用十分普遍，已成为施工放样的主要方法。全站仪架设在已知点A上，只要输入测站点A、后视点B，以及待放样点P的三点坐标，瞄准后视点定向，按下反算方位角键，仪器就自动将测站与后视的方位角设置在该方向上。然后按下放样键，仪器自动在屏幕上用左右箭头提示，应该将仪器往左或右旋转，这样就可使仪器到达设计的方向线上。最后通过测设距离，仪器自动提示棱镜前后移动，直到放样出设计的距离，这样就能方便地完成点位的放样。

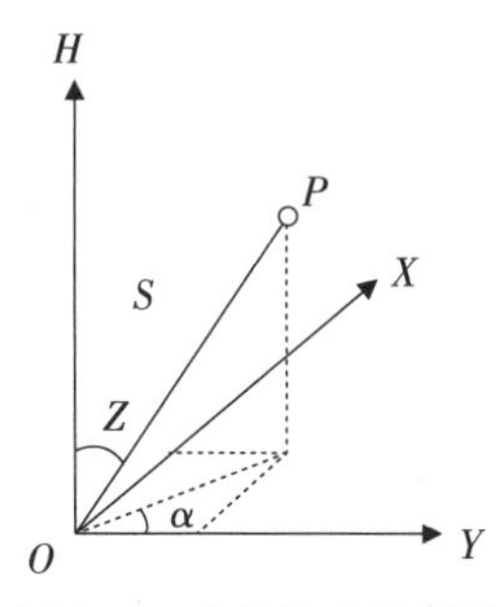

图5-6　全站仪坐标测量

若需要放样下一个点位，只要重新输入或调用待放样点的坐标即可。按下放样键后，仪器会自动提示旋转的角度和移动的距离。

用全站仪放样点位，可事先输入气象要素，即现场的温度和气压，仪器会自动进行气象改正。因此用全站仪放样点位既能保证精度，操作又十分方便，无须做任何手工计算，减少了人工计算出错的机会，同时也提高了观测速度。

5. GPS(RTK)放样法

GPS(RTK)需要一台基准站接收机和一台或多台流动站接收机,以及用于数据传输的电台。RTK定位技术是将基准站的相位观测数据及坐标信息,通过数据链方式及时传送给动态用户,动态用户将收到的数据链连同自采集的相位观测数据进行实时差分处理,从而获得动态用户的实时三维位置。动态用户再将实时位置与设计值相比较,进而指导放样。

GPS(RTK)的作业方法和作业流程如下。

(1)收集测区的控制点资料

任何测量工程进入测区,首先要收集测区的控制点坐标资料,包括控制点的坐标、等级、中央子午线、坐标系等。

(2)求定测区转换参数

GPS(RTK)测量是在WGS-84坐标系中进行的,而各种工程测量和定位是在当地坐标或我国的北京1954坐标上进行的,这之间存在坐标转换的问题。GPS静态测量中,坐标转换是在事后处理的,而GPS(RTK)是用于实时测量的,要求立即给出当地的坐标。因此,坐标转换工作显更重要。

(3)工程项目参数设置

根据GPS实时动态差分软件的要求,应输入的参数有:当地坐标系的椭球参数、中央子午线、测区西南角和东北角的大致经纬度、测区坐标系间的转换参数、放样点的设计坐标。

(4)野外作业

将基准站GPS接收机安置在参考点上,打开接收机,除了将设置的参数读入GPS接收机外,还要输入参考点的当地施工坐标和天线高,基准站GPS接收机通过转换参数将参考点的当地施工坐标化为WGS-84坐标,同时连续接收所有可视GPS卫星信号,并通过数据发射电台将其测站坐标、观测值、卫星跟踪状态及接收机工作状态发送出去。流动站接收机在跟踪GPS卫星信号的同时,接收来自基准站的数据,进行处理后获得流动站的三维WGS-84坐标,再通过与基准站相同的坐标转换参数将WGS-84转换为当地施工坐标,并在流动站的手控器上实时显示。接收机可将实时位置与设计值相比较,以达到准确放样的目的。

二、任务实施

(一)实训项目一:极坐标法放样。

1. 实训目的与要求

(1)懂得极坐标法测设数据的计算、测设方法和要求。

(2)能正确设置水平盘读数和进行钢尺量距。

(3)具有用极坐标法测设建筑物的能力。

(4)每组完成一个建筑物的测设且符合要求。

2. 实训仪器与工具

(1)每组领借经纬仪1台,钢尺1把。

(2)自备铅笔、计算器、草稿纸等。

3. 实训内容与计划

学生根据图5-7所注数据,用极坐标法测设四个房角点1,2,3,4。

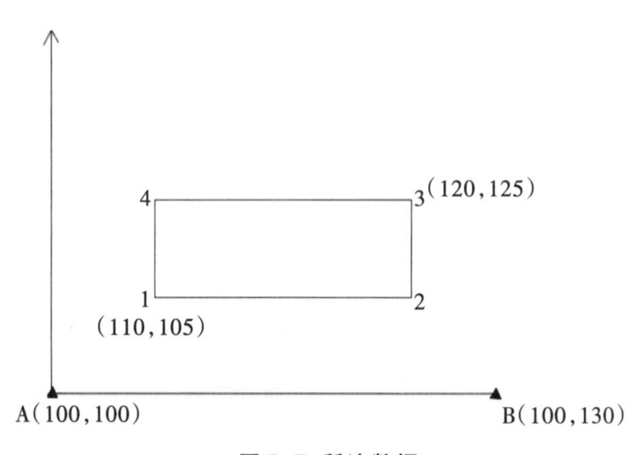

图5-7 所注数据

4. 实训方法与步骤

(1)计算测设数据:四个点的测设角度值β_1,β_2,β_3,β_4,及四个点到A点的距离D_1,D_2,D_3,D_4。

(2)点位测设方法:

①在A点安置经纬仪,瞄准B点,测设角度β_1,定出A_1方向。

②沿A_1方向自A点测设水平距离D_1,定出点1,做出标志。

③用同样的方法测设出点2,3,4。测设数据与检测记录在表5-1和表5-2中。全部测设完毕后,检查建筑物是否等于90°,各边长是否等于设计长度,其误差应均在限差范围内。

5. 限差与规定

(1)经纬仪对中误差不超过2 mm。

(2)放样角度的误差不超过36″。

(3)放样距离的误差不超过1/3000。

(4)在地面上标定点的误差不超过3 mm。

6. 回答问题

(1)简述测设数据的计算步骤。

(2)简述点位的测设方法。

(3)简述极坐标法放样的技术要求。

表5-1 极坐标法计算表

点名	方向线	坐标方位角	应测设水平角	应测设水平距离

表5-2 测设检测记录表

角号	实测角度(°′″)	理论值(°′″	误差(″)	线段	实测距离(m)	设计距离(m)	误差(mm)	相对误差
示意图:								

(二)实训项目二:全站仪三维坐标放样。

1. 实训目的与要求

(1)熟悉全站仪的基本操作。

(2)掌握用极坐标法测设点平面位置的方法。

(3)要求每组用极坐标法放样至少四个点。

2. 仪器设备与工具

每组全站仪1台、棱镜2个、对中杆1个、钢卷尺1把、记录板1块。

3. 实习方法与步骤

(1)测设元素计算

如图5-8所示，A、B为地面控制点，现欲测设房角点P，应首先根据下面的公式计算测设数据。

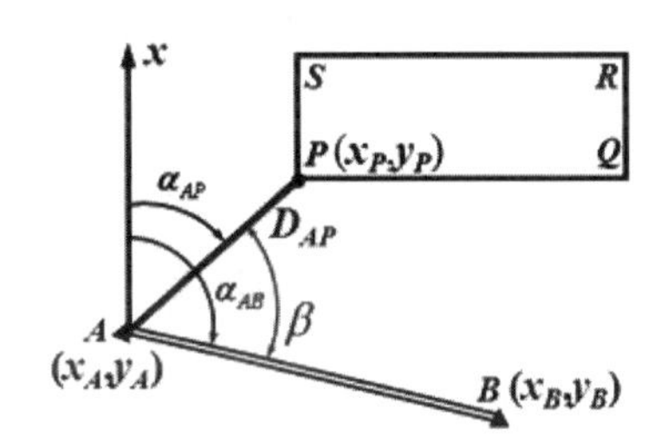

图5-8　全站仪坐标测量

①计算AB，AP边的坐标方位角：

$$\alpha_{AB}=\arctan\frac{\Delta y_{AB}}{\Delta x_{AB}}$$

$$\alpha_{AP}=\arctan\frac{\Delta y_{AP}}{\Delta x_{AP}}$$

②计算AP与AB之间的夹角：

$$\beta=\alpha_{AB}-\alpha_{AP}$$

③计算A，P两点间的水平距离：

$$D_{AP}=\sqrt{(x_P-x_A)^2+(y_P-y_A)^2}=\sqrt{\Delta x_{AP}{}^2+\Delta y_{AP}{}^2}$$

注：以上计算可由全站仪内置程序自动进行。

(2)实地测设

①仪器安置：在A点安置全站仪，对中、整平。

②定向：在B点安置棱镜，用全站仪照准B点棱镜，拧紧水平制动和竖直制动。

③数据输入：把控制点A，B和待测点P的坐标分别输入全站仪。全站仪便可根据内置程序计算出测设数据D及β，并显示在屏幕上。

④测设：把仪器的水平度盘读数拨转至已知方向β上，拿棱镜的同学在已知方向线上的

待定点 P 的大概位置立好棱镜，观测仪器的同学便可测出目前点位与正确点位的偏差值 ΔD 及 $\Delta\beta$（仪器自动显示），然后根据其大小指挥拿棱镜的同学调整其位置，直至观测的结果恰好等于计算得到的 D 和 β，或者当 ΔD 及 $\Delta\beta$ 为一微小量（在规定的误差范围内）。

4. 注意事项

（1）不同厂家生产的全站仪在数据输入、测设过程中的某些操作可能会稍不一样，实际工作中应仔细阅读说明书。

（2）在实训过程中，测设点的位置是由粗到细的过程。同学在实训过程中应有耐心，相互配合。

（3）测设出待定点后，应用坐标测量法测出该点坐标与设计坐标进行检核。

（4）实训过程中，应注意保护仪器和棱镜的安全，观测的同学不应擅自离开仪器。

任务三　建筑施工控制测量

◎学习目标：了解建筑施工平面控制网和高程控制网的方法和使用范围。

◎技能标准及要求：能用全站仪进行导线布设施工平面控制，能用水准仪布设高程控制网并符合精度要求。

知识储备

工程建设在勘测阶段已建立了测图控制网，但是由于它是为测图建立的，未考虑施工的要求，因而，其控制点的分布、密度、精度都难以满足施工测量的要求。另外，平整场地时，控制点大多受到破坏。因此，在施工之前，必须重新建立专门的施工控制网。

在大中型建筑施工场地上，施工控制网多由正方形或矩形网格组成，并称之为建筑方格网。在面积不大、又不十分复杂的建筑场地上，常常布设一条或几条基线，作为施工控制。本节仅介绍建筑施工场地的控制测量。

1. 建筑施工平面控制网

（1）建筑基线

①建筑基线的布设

建筑基线是建筑场地的施工控制基准线，即在建筑场地中央放样一条长轴线或若干条与其垂直的短轴线。它适用于总平面图布置比较简单的小型建筑场地。

建筑基线的布设形式是根据建筑物的分布、场地地形等因素来确定的。其常见的形式有“一”字形、“*L*”字形、“十”字形和“*T*”字形，如图5-9所示。

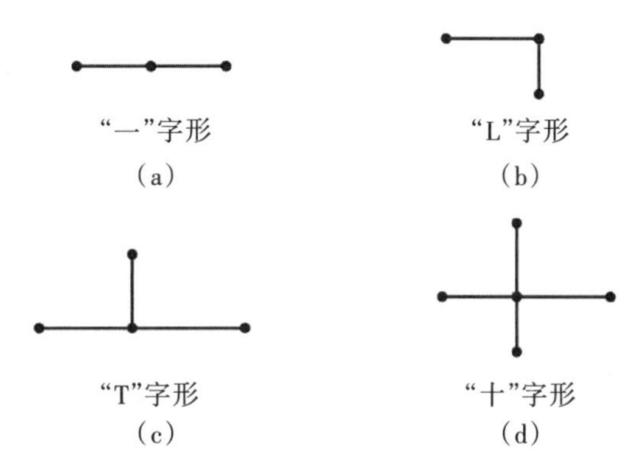

图5-9　建筑基线布设形式

建筑基线的布设要求如下：

主轴线应尽量位于场地中心，并与主要建筑物轴线平行。主轴线的定位点应不少于三个，以便相互检核。

基线点位应选在通视良好和不易被破坏的地方，且要设置成永久性控制点，如设置成混凝土桩或石桩。

②建筑基线的放样方法

根据建筑红线或中线放样，建筑红线也就是建筑用地的界定基准线，由城市测绘部门测定，它可用作建筑基线放样的依据。如图5-10所示，AB，AC是建筑红线，从A点沿AB方向量距D_{AP}定出P点，沿AC方向量距D_{AQ}定出Q点。通过B点作红线AB的垂线，并量取距离D_{AQ}得到点2，做出标志；通过C点作红线AC的垂线，并量取距离D_{AP}得到点3；用细线拉出直线$P3$和$Q2$，两直线$P3$与$Q2$相交于点1，做出标志，也可分别安置经纬仪于P，Q两点，交会出点1。点1，2，3即为建筑基线点。将经纬仪安置在1点，检测其是否为直角，其不符值不超过±20″。

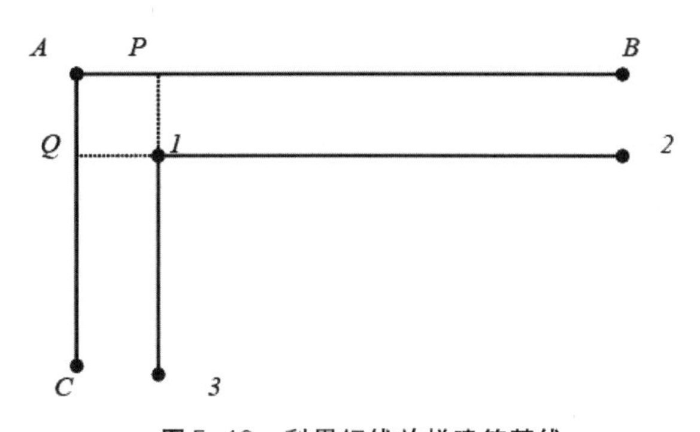

图5-10　利用红线放样建筑基线

(2)建筑方格网

①建筑方格网的布设

建筑方格网的布设应根据设计总平面图上各种已建和待建的建筑物、道路及各种管线的布设情况,结合现场的地形条件来确定。方格网的形式有正方形、矩形两种。当场地面积不大时,常分两级布设,首级可采用“十”字形、“口”字形或“田”字形,然后,再加密方格网。建筑方格网适用于按矩形布置的建筑群或大型建筑场地。建筑方格网的轴线与建筑物轴线平行或垂直。因此,可用直角坐标法进行建筑物的定位,放样较为方便,且精度较高。但由于建筑方格网必须按总平面图的设计来布置,放样工作量成倍增加,其点位缺乏灵活性,易被毁坏,所以在有全站仪的今天,正逐步被导线网或三角网所代替。如图5-11所示,先确定方格网的主轴线 C-C 和3-3,再布设方格网。

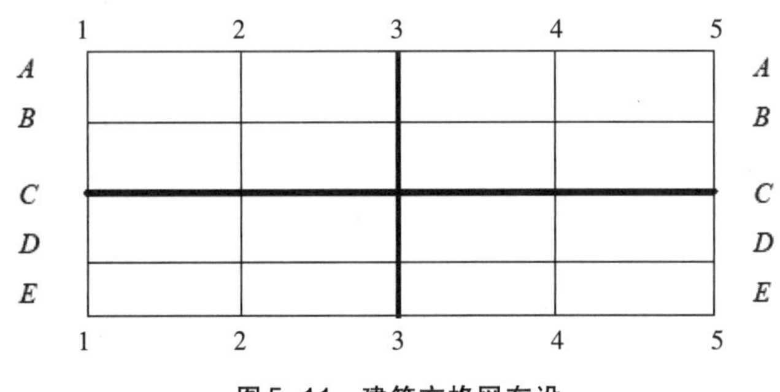

图5-11 建筑方格网布设

②建筑方格网的放样

主轴线放样。主轴线放样与建筑基线放样方法相似。首先,准备放样数据;然后,实地放样两条相互垂直的主轴线 C-C、3-3,它实质上是由5个主点 $C1$(C-C 与1-1轴线的交点称为 $C1$ 点,以下类同),$C3$,$C5$,$A3$ 和 $E3$ 点所组成;最后,精确检测主轴线点的相对位置关系,并与设计值相比较。若角度较差大于±10″,则需要横向调整点位,使角度与设计值相符;若距离误差大于1/15000,则纵向调整点位使距离与设计值相符。建筑方格网的主要技术要求见表5-3。

表5-3 建筑方格网的主要技术要求

等级	边长(m)	测角中误差	边长相对中误差	测角检测限差	边长检测限差
Ⅰ级	100~300	5″	1/30000	10″	1/15000
Ⅱ级	100~300	8″	1/20000	16″	1/10000

方格网点放样。如图5-11所示，主轴线放样好后，分别在主轴线端点$C1$，$C5$和$A3$，$E3$上安置经纬仪，后视主点$C3$，向左右分别拨角90°，这样就可交会出田字形方格网点。随后再做检核，测量相邻两点间的距离，看它是否与设计值相等，测量其角度是否为90°，误差均应在允许范围内，并埋设永久标志。此后再以田字形方格网为基础，加密方格网的其余各点。

(3)三角网

对于位于山岭地区的工程(水利枢纽、桥梁、隧道等)，一般可采用三角测量(或边角测量)的方法建网。在采用三角网形式建立施工控制网时，应使所选的控制网点有较好的通视条件，能构成较好的图形，避免大于120°的钝角和小于30°的锐角，以保证控制网有较好的图形强度。

(4)导线网

对于地形平坦的建设场地，则可采用任意形式的导线网。

为保证工程施工的顺利进行，所建立的施工控制网必须与设计所采用的坐标系统相一致(一般为国家坐标系)，但纯粹的国家坐标系统存在较大的长度变形，对工程的施工放样十分不利。因此，在建立施工控制网时，首先要保证施工控制网的坐标系和工程设计坐标系相一致。另外，还要使局部施工控制网变形最小。为达到上述目的，应建立独立坐标系统的施工控制网。

控制网的严密平差计算常采用间接平差进行。平差后给出各网点的坐标平差值及其点位中误差和点位误差椭圆要素，观测角度和观测边长的平差值及其中误差，各边的方位角平差值及其中误差、相对中误差、相对误差椭圆要素和控制网平差后的单位权中误差等等，最后根据网中观测要素的验前精度评定结果和验后单位权中误差，以及网中最弱边的相对中误差和最弱点的点位中误差，评价施测后的施工控制网是否达到设计的精度要求。

2. 建筑施工场地高程控制网

在一般情况下，施工场地平面控制点也可兼做高程控制点，高程控制网可分首级网和加密网，相应的水准点称为基本水准点和施工水准点。

基本水准点应布设在不受施工影响、无震动、便于施测和能永久保存的地方，按四等水准测量的要求进行施测。而对于为连续性生产车间、地下管道放样所设立的基本水准点，则需按照三等水准测量的要求进行施测。为了便于成果检核和提高测量精度，场地高程控制网应布设成闭合环线、附合路线或结点网形。

施工水准点用来直接放样建筑物的高程。为了放样方便和减少误差，施工水准点应靠近建筑物，通常可以采用建筑方格网点的标志桩加设圆头钉作为施工水准点。为了放样方便，在每栋较大的建筑物附近，还要布设±0.000水准点（一般以底层建筑物的地坪标高为±0.000），其位置多选在较稳定的建筑物墙、柱的侧面，用红油漆绘成上顶为水平线的“▼”形，其顶端表示±0.000位置。

任务四　建筑物的定位和放线

◎学习目标：了解施工测量的准备工作任务，掌握建筑物定位的常用方法。

◎技能标准及要求：会设置龙门板和设置轴线控制桩进行建筑物的定位并符合精度要求。

一、知识储备

民用建筑按使用功能，可分为住宅、办公楼、商店、食堂、俱乐部、医院和学校等。按楼层多少，可分为单层、低层（2～3层）、多层（4～6层）和高层几种。对于不同的类型，其放样方法和精度要求有所不同，但放样过程基本相同。下面分别介绍多层和高层民用建筑施工测量的基本方法。

1. 施工测量的准备工作

(1)熟悉设计图纸

设计图纸是施工放样的主要依据。在施工测量前，应核对设计图纸，检查总尺寸和分尺寸是否一致，总平面图和大样详图尺寸是否相符，不符之处要向设计单位提出，及时进行修正。与测设有关的图纸主要有：建筑总平面图、建筑平面图、基础平面图和基础剖面图。据建筑总平面图可以了解设计建筑物与原有建筑物的平面位置和高程的关系，是测设建筑物总体位置的依据。从建筑平面图（包括底层和楼层平面图）中，可以查明建筑物的总尺寸和内部各定位轴线间的尺寸关系，它是放样的基础资料。从基础平面图上可以获得基础边线与定位轴线的关系尺寸，以及基础布置与基础剖面的位置关系，以确定基础轴线放样的数。基础剖面图上则可以查明基础立面尺寸、设计标高，以及基础边线与定位轴线的尺寸关系，从而确定开挖边线和基坑底面的高程位置。

图5-12、图5-13、图5-14和图5-15，分别为某建筑物的建筑总平面图、建筑平面图（底层）、基础平面图和基础剖面图。

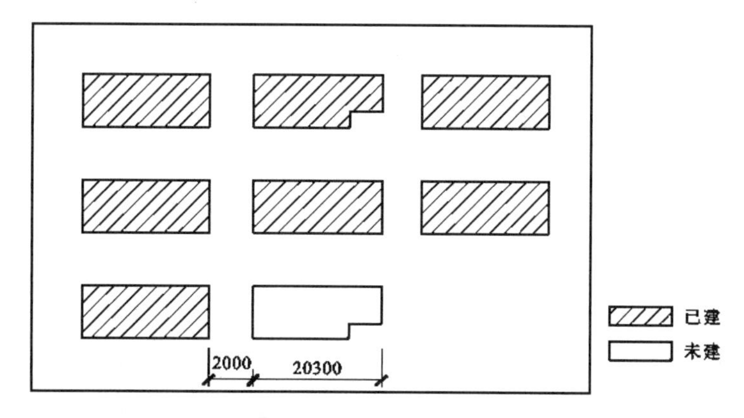

图 5-12　建筑总平面图

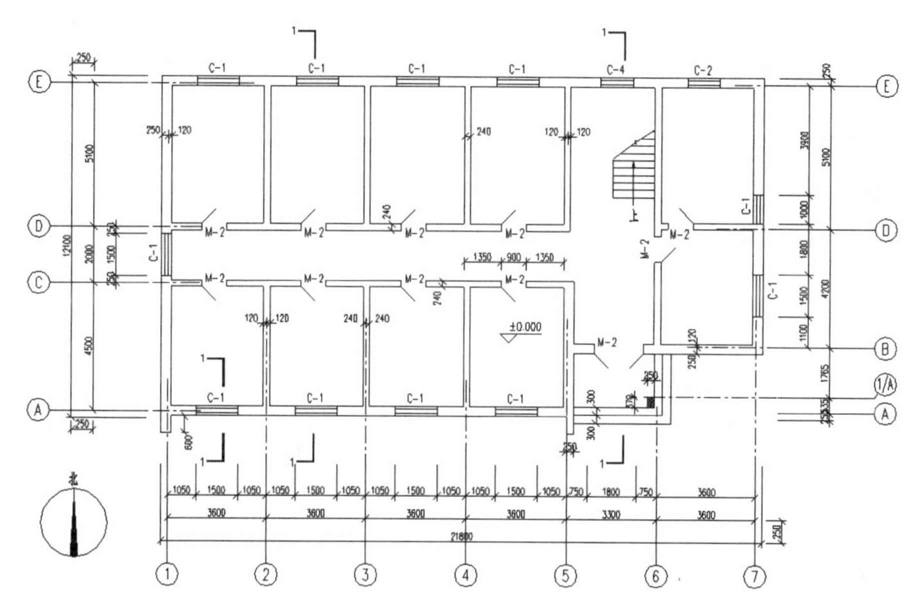

图 5-13　建筑平面图(底层)

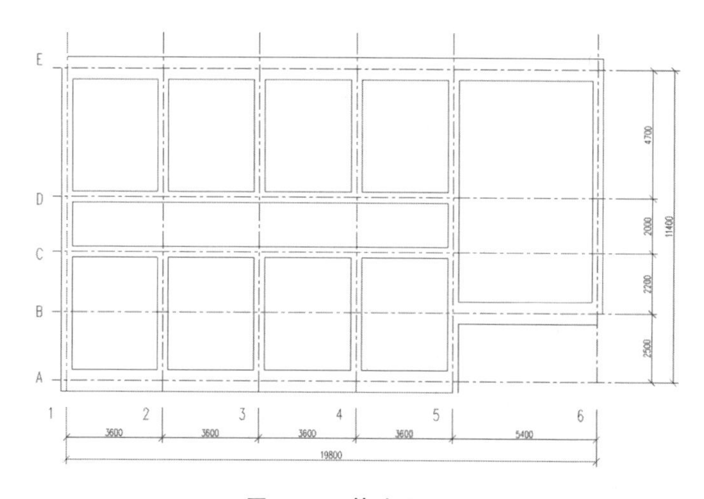

图 5-14　基础平面图

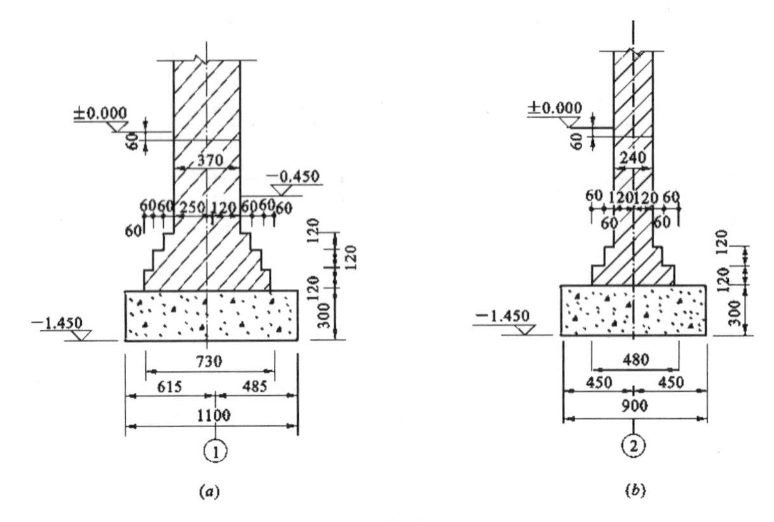

图 5-15　基础剖面图

(2) 了解施工放样精度

由于建筑物的结构特征不同，施工放样的精度要求也有所不同。施工放样前，应熟悉相应的技术参数，合理选用放样方法。表 5-4 为建筑物施工放样的主要技术要求。

表 5-4　建筑物施工放样的主要技术要求

建筑物结构特征	测距相对中误差	测角中误差（″）	在测站上测定高差中误差（mm）	根据起始水平面在施工水平面上测定高差中误差（mm）	竖向传递轴线点中误差（mm）
金属结构、装配式钢筋混凝土结构、建筑物高度 100 ~ 120 m 或跨度 30 ~ 36 m	1/20000	5	1	6	4
15 层房屋、建筑物高度 60 ~ 100 m 或跨度 18 ~ 30 m	1/10000	10	2	5	3
5 ~ 15 层房屋、建筑物高度 15 ~ 60 m 或跨度 6 ~ 18 m	1/5000	20	2.5	4	2.5
5 层房屋、建筑物高度 15 m 或跨度 6 m 及 6 m 以下	1/3000	30	3	3	2
木结构、工业管线或公路铁路专用线	1/2000	30	5	—	—
土工竖向整平	1/1000	45	10	—	—

注：①对于具有两种以上特征的建筑物，应取要求高的中误差值。

②特殊要求的工程项目，应根据设计对限差的要求，确定其放样精度。

(3)拟定测设方案

在了解设计参数、技术要求和施工进度计划的基础上，对施工现场进行实地踏勘，清理施工现场，检测原有测量控制点，根据实际情况拟定测设方案，准备测设数据，绘制测设略图。还应根据测设的精度要求，选择相应等级的仪器和工具，并对所用的仪器、工具进行严格的检验和校正，确保仪器、工具的正常使用。

2. 建筑物定位

建筑物定位就是建筑物外廓各轴线交点(简称角桩，如图5-16中$A1$，$E1$，$E6$，$A6$点)放样到地面上，作为放样基础和细部的依据。

放样定位方法很多，主要有根据已有建筑物、建筑红线、根据控制点[直角坐标法、极坐标法、交会法、全站仪坐标放样法、GPS(RTK)放样法]、建筑基线、建筑方格网来定位放样。

(1)根据已有建筑物定位

如图5-16所示，1号楼为已有建筑物，2号楼为待建建筑物(8层、6跨)$A1$、$E1$、$E6$、$A6$点建筑物定位点的放样步骤如下。

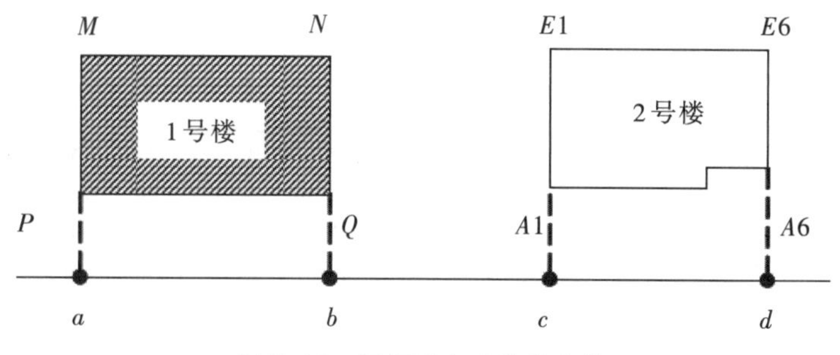

图5-16　根据已有建筑物定位

①用钢卷尺紧贴于1号楼外墙MP，NQ边各量出2 m(距离大小根据实地地形而定，一般为1～4 m)，得a，b两点，打入桩，桩顶钉上铁钉标志，以下类同。

②把经纬仪安置于a点，瞄准b点，并从b点沿ab方向量出12.250 m，得c点；再继续量19.800 m，得d点。

③将经纬仪安置在c点，瞄准a点，水平度盘读数配置到0°00′00″，顺时针转动照准部，当水平度盘读数为90°00′00″时，锁定此方向。按距离放样法沿该方向用钢尺量出2.25 m，得$A1$点；再继续量出11.600 m，得$E1$点。

将经纬仪安置在d点，同法测出$A6$，$E6$。则$A1$，$E1$，$E6$，$A6$四点为待建建筑物外墙轴线交点。检测各桩点间的距离，与设计值相比较，其相对误差不超过1/2500，用经纬仪检测四个拐角是否为直角，其误差不超过40″。建筑物放线就是根据设计条件，将已定位的外墙轴线交点测设到地面上。

④放样建筑物其他轴线的交点桩(简称中心桩),其放样方法与角桩点相似,即以角桩为基础,用经纬仪和钢尺放样出来。

(2)根据建筑红线定位

建筑红线,又称规划红线,是经规划部门审批并由自然资源部在现场直接放样出来的建筑用地边界点的连线。测设时,可根据设计建筑物与建筑红线的位置关系,利用建筑用地边界点测设建筑物的位置。当设计建筑物边线与建筑红线平行或垂直时,采用直角坐标法测设。若设计建筑物边线与建筑红线不平行或不垂直时,则采用极坐标法、角度交会法、距离交会法等方法测设。

如图5-17所示,A,BC,MC,EC,D点为城市规划道路红线点,IP为两直线段的交点,转角为90°,BC,MC,EC为圆曲线上的三点,设计建筑物$MNPQ$与城市规划道路红线间的距离注于图上。测设时,首先在建筑红线上从IP点沿IP—A的方向量15 m得到点N',再量建筑物长度l得到点M';然后分别在M'和N'点安置经纬仪或全站仪,测设90°,并量12 m得到点M,N两点,接着量建筑物宽度d得到点Q,P;最后检查角度和边长是否符合限差要求。

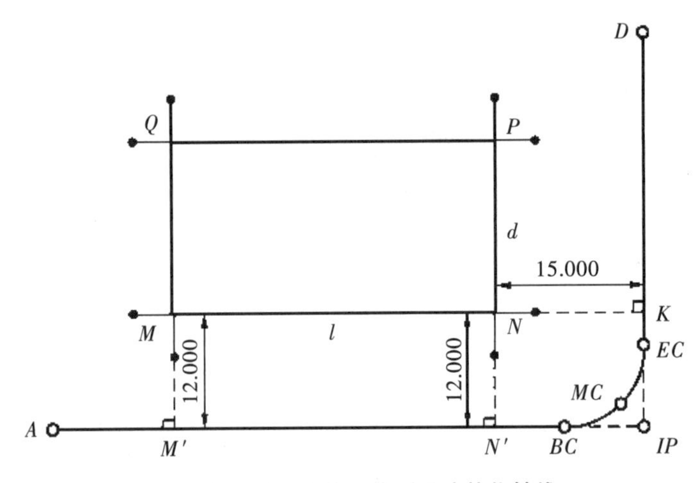

图5-17 根据建筑红线测设建筑物轴线

(3)根据控制点定位

当设计建筑物附近有测量控制点时,可根据原有控制点和建筑物各角点的设计坐标,采用直角坐标法、极坐标法、交会法、全站仪坐标放样法、GPS(RTK)放样法等方法进行建筑物的定位。具体详见任务二。

(4)根据建筑基线或建筑方格网定位

在布设有建筑基线或建筑方格网的建筑场地,可根据建筑基线或建筑方格网点和建筑物各角点的设计坐标,采用直角坐标法测设建筑物的位置。具体详见任务三。

3. 建筑物定线

建筑物放线是根据已定位出的建筑物主轴线的交点桩(即角桩),详细测设建筑物其他各轴线的交点桩(桩顶钉小钉,简称中心桩),再根据角桩、中心桩的位置,用白灰撒出基槽边界线。

(1)龙门板和轴线控制桩设置

由于基槽开挖后,角桩和中心桩将被破坏。施工时为了能方便地恢复各轴线的位置,一般是把轴线延长到安全地点,并做好标志,以便施工时能及时恢复各轴线的位置。延长轴线的方法有两种:龙门板法和轴线控制桩法,如图5-18。

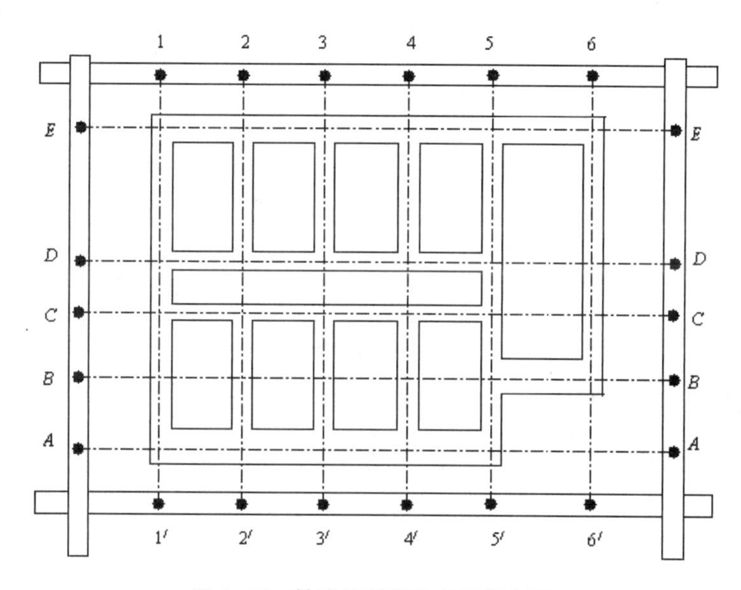

图5-18　轴线控制桩及龙门板布图

①设置轴线控制桩

轴线控制桩(也称引桩)设置在基槽外基础轴线的延长线上,作为开槽后各施工阶段确定轴线位置的依据(见图5-19)。轴线控制桩一般设在基槽开挖边线以外2~4 m处。如果

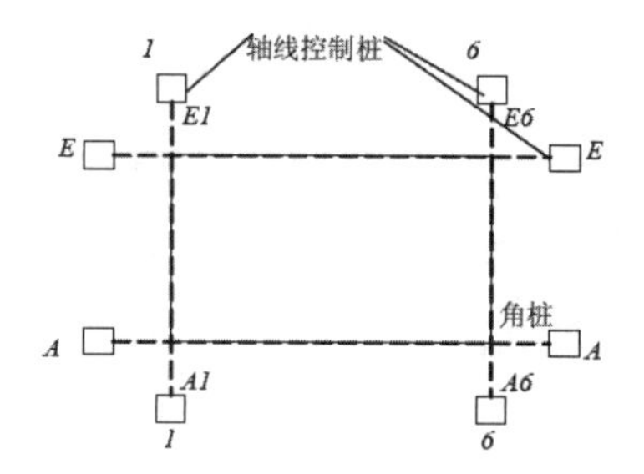

图5-19　轴线控制桩

附近有已建的建筑物，也可将轴线投测在建筑物的墙上。为了保证控制桩的精度，一般将控制桩与定位桩一起测设，也可先测设控制桩，再测设定位桩。

②设置龙门板

龙门板法适用于一般民用建筑物。为了方便施工，可在基槽开挖边线以外一定距离处（根据土质情况和挖槽深度确定）钉设龙门板。

如图5-20所示，首先在建筑物四角与隔墙两端基槽开挖边线以外约1.5～2 m处钉设龙门桩，使桩的侧面与基槽平行，并将其钉直、钉牢；然后根据建筑场地的水准点，用水准仪在龙门桩上测设建筑物±0.000标高线（建筑物底层室内地坪标高），再将龙门板钉在龙门桩上，使龙门板的顶面与±0.000标高线齐平；最后用经纬仪或全站仪将各轴线引测到龙门板上，并钉小钉表示，称为轴线钉。龙门板设置完毕后，利用钢尺检查各轴线钉的间距，使其符合限差要求。

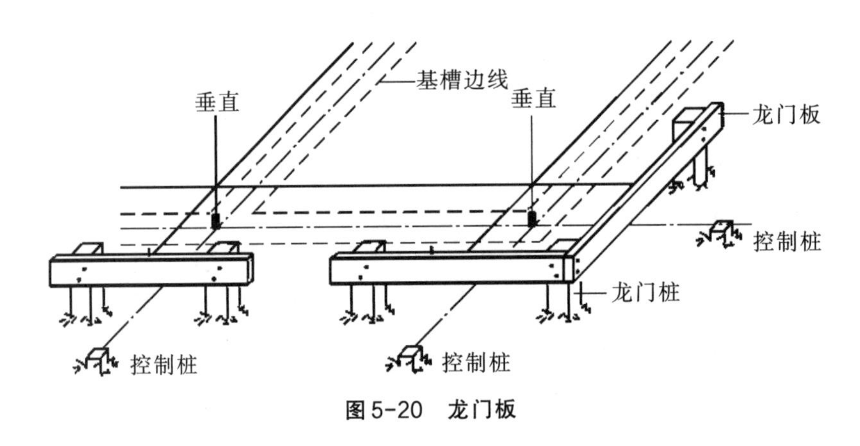

图5-20　龙门板

龙门板法虽然使用方便，但占用场地广，对交通影响大。在机械化施工时，一般只测设轴线控制桩，不设置龙门桩和龙门板。

(2)基础施工测量

建筑物±0.000以下的部分称为建筑物的基础，按构造方式可分为条形基础、独立基础、片筏基础和箱形基础等。基础施工测量的主要内容有基槽开挖边线放线、基础开挖深度控制、垫层施工测设和基础放样。

①基槽开挖边线放线

基础开挖前，先按基础剖面图的设计尺寸，计算基槽开挖边线的宽度；然后由基础轴线桩中心向两边各量基槽开挖边线宽度的一半，标记号，在两个对应的记号点之间拉线，并撒上白灰，就可以按照白灰线位置开挖基槽。

②基础开挖深度控制

为了控制基槽的开挖深度，当基槽挖到一定的深度后，用水准测量的方法，在基槽壁上每隔 2 ~ 3 m 及拐角处，测设离槽底设计高程为整分米数(0.3 ~ 0.5 m)的水平桩，并沿水平桩在槽壁上弹墨线，作为控制挖深和铺设基础垫层的依据，如图 5-21 所示。建筑施工中，将高程测设称为抄平或找平。

基槽开挖完成后，应根据轴线控制桩或龙门板，复核基槽宽度和槽底标高。合格后，方可进行垫层施工。

③垫层施工测设

基槽开挖完成后，可根据龙门板或轴线控制桩的位置和垫层的宽度，在槽底层测设出垫层的边线，并在槽底设置垫层标高桩，使桩顶面的高程等于垫层设计高程，作为垫层施工的依据，如图 5-21 所示。

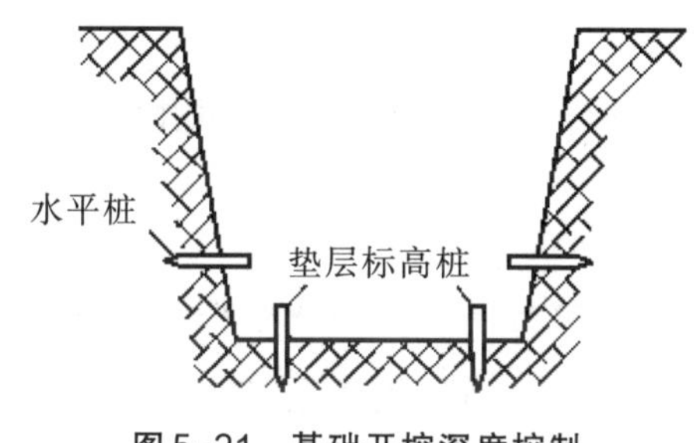

图 5-21　基础开挖深度控制

④基础放样

垫层施工完成后，根据龙门板或轴线控制桩，用拉线吊垂球的方法将墙基轴线投测到垫层上，用墨斗弹出墨线，用红油漆画出标记，墙基轴线投测完成后应按设计尺寸严格校核。

(3)主体施工测量

①楼层轴线投测

建筑物轴线投测的目的，是保证建筑物各层相应的轴线位于同一竖直面内。多层建筑物轴线投测最简便的方法是吊垂线法，即将垂球悬吊在楼板或柱顶边缘，当垂球尖对准基础上的定位轴线时，垂球线在楼板或柱边缘的位置即为楼层轴线端点位置，并画出标志线。经检查合格后，即可继续施工。

当风力较大或楼层较高，用垂球投测误差较大时，可用经纬仪或全站仪投测轴线。如图 5-22(a)所示，③和ⓒ分别为某建筑物的两条中心轴线，在进行建筑物定位时应将轴线控制桩 3，3′，C，C'设置在距离建筑物尽可能远的地方(建筑物高度的 1.5 倍以上)，以减小投测时的仰角，提高投测的精度。

随着建筑物的不断升高，应将轴线逐层向上传递。如图 5-22(b)所示，将经纬仪或全站仪分别安置在轴线控制桩 3，3′，C，C'上，分别瞄准建筑物底部的 a，a'，b，b'点，采用正倒镜分中法，将轴线③和ⓒ向上投测到每一层楼的楼板上，得 a_i，a_i'，b_i，b_i'点，并弹墨线标明轴线位置，其余轴线均以此为基准，根据设计尺寸进行测设。

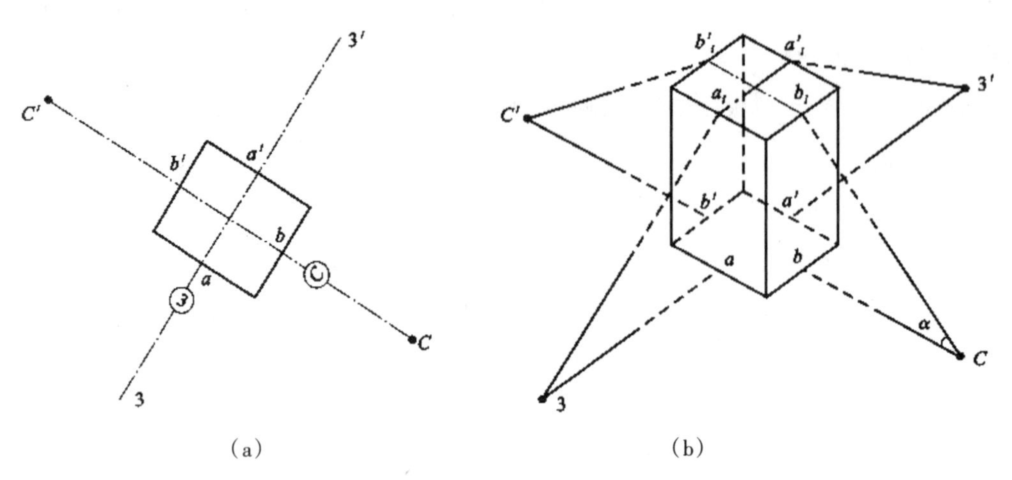

图 5-22　经纬仪或全站仪投测轴线

②楼层高程传递

墙体标高可利用墙身皮数杆来控制。墙身皮数杆是根据设计尺寸按砖、灰缝厚度从底部往上依次标明±0.000、门、窗、过梁、楼板预留孔，以及其他各种构件的位置。同一标准楼层的皮数杆可以共用，不同标准楼层则应分别制作皮数杆。砌墙时，将皮数杆竖立在墙角处，使杆端±0.000的刻画线对准基础墙上的±0.000位置，如图5-23所示。楼层高程传递则用钢尺和水准仪沿墙体或柱身向楼层传递，作为过梁和门窗口施工的依据。

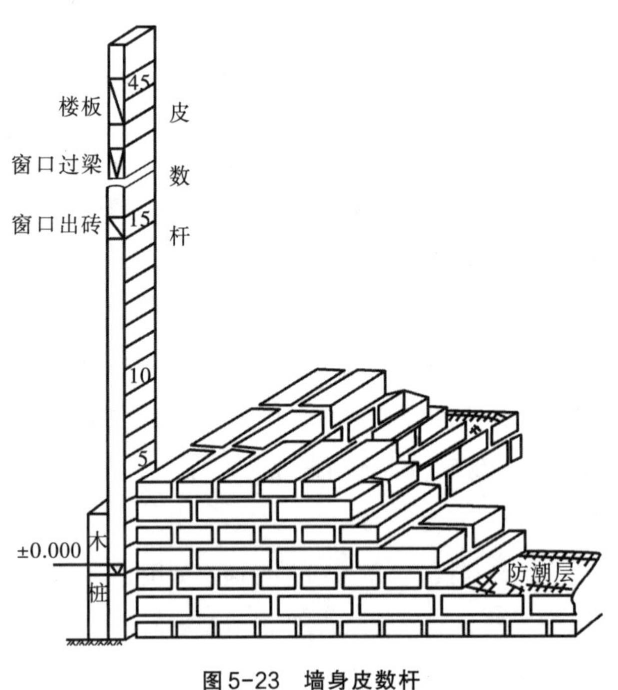

图 5-23　墙身皮数杆

二、任务实施

（一）实训项目一：建筑施工放线测量。

1. 实训目的

（1）了解建筑施工场地施工控制测量的一般方法。

（2）掌握建筑施工放线的基本操作要领。

2. 实训内容

图5-24为五层住宅楼的基础平面图，图5-25为基础剖面图，施工场地中两个控制点为*H*，*E*（*HE*与轴线1平行，数据由老师给定）。请完成该教学楼的定位和施工放线测量。

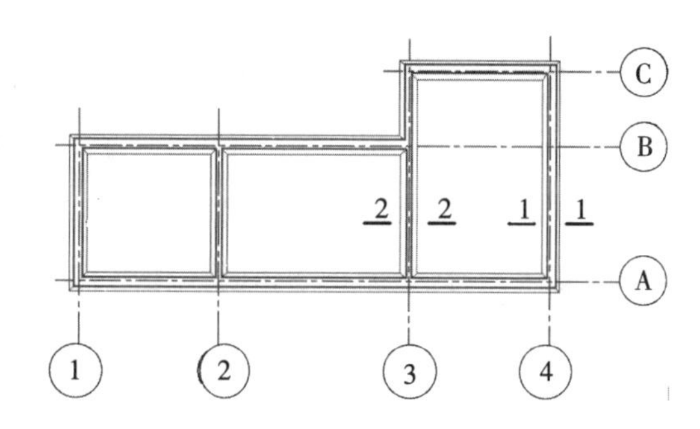

图5-24　施工场地

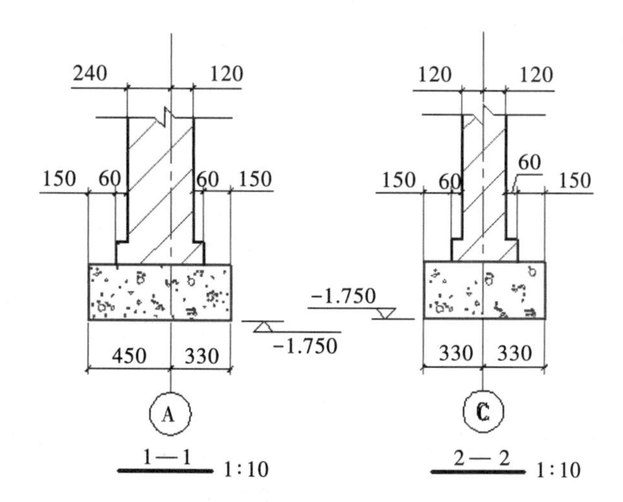

图5-25　基础剖面

3. 实训仪器及工具

DS 3水准仪1台、DJ6经纬仪1台、50 m钢尺1把、5 m小钢卷尺2把、标杆4根、木桩若干、测钎3根、铁钉若干、墨斗1只、木工用铅笔3支、线垂3只、细线150 m。

4. 预习和准备

预习建筑施工放线的基本操作要领。

5. 实训注意事项

(1)认真计算建筑施工放样数据,要求每小组至少有两人以上独立计算,相互校核,最后由小组长审核。

(2)测设中,要求每人负责测设、复核一条建筑轴线放线工作。

(3)钢尺量距读数精确到0.5 mm;量距以平量法为主,忽略倾斜改正数的计算。因此,量距时应保证钢尺水平。测距时,要求钢尺“0”点严格对准同一起始点。一般情况下,不考虑三项改正的影响。

(4)测设出的点位,没有经过检查复核前,宜采用测钎标志测设出的点位;复核合格后,设置龙门板或轴线控制桩。

(5)测设、复查数据填入建筑施工放线水平角测设、复查记录手簿和建筑施工放线钢尺测距、复查记录手簿中,测量精度计算、自查结论填入备注栏中。

6. 实训步骤

(1)绘制建筑施工放线平面图。比例宜用1∶100,在建筑基础平面图的基础上,画出建筑基线、龙门板、控制轴线的轴线控制桩设置位置及各尺寸。

(2)计算建筑放线数据。两人以上独立计算,校核无误,审核后,填入建筑施工放线数据手簿。

(3)测设建筑外轴线角点。

①用细线将两个已知控制点连成线,复查HE距离(45 m),允许误差4 mm。

②后沿HE方向,根据放线数据用钢尺平量测定三点,设置木桩加中心钉标志。

③分别在测定的三点上对中、整平安置经纬仪,采用直角坐标法或极坐标法测定建筑的外角点控制桩;后用内分法,测定最近处的外轴线角点控制桩。

④对测定的各建筑外轴线角点间距离和角度进行复查、检校,保证测量精度。

(4)测设其他轴线角点控制桩。用细线将建筑外轴线连线,后用内分法,钢尺测距测定其他轴线与连线的交点,即得其他轴线角点,设置控制桩。

(5)设置龙门板或轴线控制桩。将以上测定的各建筑轴线均用细线连线,并向外延长,确定龙门板或轴线控制桩位置,设置龙门桩或轴线控制桩;再用DS 3水准仪进行图根水准测量，测定各龙门桩上±0.000处，后准确设置龙门板和中心钉，并在龙门板上标出墙宽和基础宽；测设中，主要控制两中心钉连线与各轴线重合。

(6)撒灰线。根据龙门板上基础宽度标志，在施工场地上用石灰撒出建筑基础开挖边界线。

(7)清点仪器、工具，安全归还，结束本次实训。

7. 实训报告：建筑物轴线放样

(1)点的平面位置测设。数据记录见表5-5。

表5-5　数据记录表

日　期＿＿＿＿＿　班　组＿＿＿＿＿　仪器型号＿＿＿＿＿

型　号＿＿＿＿＿　观测者＿＿＿＿＿　记录者＿＿＿＿＿

已知点坐标			待测设点坐标			测设数据				
						边名	水平距离(m)	坐标方位角(°′″)	角名	水平角
点名	x(m)	y(m)	点名	x(m)	y(m)					°′″
检测	设计距离					设计角度				
	实际距离					实际角度				
	相对精度					角度误差				

(2)简述点位测设的方法。(要求写出测设步骤，并绘出测设略图)

(二)实训项目二：建筑物的定位放线。

1. 实训目的

(1)掌握民用建筑物的定位放线技能。

(2)掌握建筑基线的测设方法。

2. 实训内容

在实训场上给每组安排一个场地，每个场地上由指导老师给定正四边形的一个已知点和一个已知方向。每组完成一个边长为8 m的正四边形放样，设置好中心桩、控制桩、龙门桩、龙门板、中心钉并拉好施工线。

3. 实训仪器及工具

每组配备经纬仪1台，水准仪1台，30 m钢尺1把，水准尺1支，中心桩4个，方向桩1个，控制桩8个，龙门桩16个，龙门板8块，锤子2个，大、小铁钉若干，红铅笔1支，记录表以及计算器等。

4. 预习和准备

熟悉民用建筑物定位放线的步骤。

5. 实训注意事项

(1)测量完成后，检查四个中心桩的边长是否等于8 m，两个对角线长是否等于11.312 m，超限应在5 mm内。

(2)龙门板拉线后，检查是否符合要求标高，超限应在5 mm内。

(3)中心桩、控制桩、龙门桩、龙门板、中心钉的使用要规范。

项目六 全站仪的使用

任务一 全站仪的认识和操作

◎学习目标：了解全站仪的特点和内外构造，掌握仪器的分类。

◎技能标准及要求：通过学习和实训，能正确熟练进行全站仪的操作和使用。

知识储备

1. 仪器特点

全站仪是一种集光电、计算机、微电子通信、精密机械加工等高精尖技术于一体的先进测量仪器，用它可方便、高效、可靠地完成多种工程的测量工作。它是目前测量工作中使用频率最高的仪器之一，具有常规测量仪器无法比拟的优点，是新一代综合性勘察测量仪器。全站仪集测距、测角和常用测量软件功能于一体，由微处理机控制，自动测距、测角，自动归算水平距离、高差、坐标增量等，同时还可自动显示、记录、存储和数据输出，是一种智能型的测绘仪器。与普通仪器相比，全站仪具有以下功能：

①具有普通仪器（如经纬仪）的全部功能。

②能在数秒内测定距离、坐标值，测量方式分为精测、粗测、跟踪三种，可任选其中一种。

③角度、距离、坐标的测量结果在液晶屏幕上自动显示，不需人工读数、计算，测量速度快、效率高。

④测距时仪器可自动进行气象改正。

⑤系统参数可视需要进行设置、更改。

⑥菜单式操作，可进行人机对话。提示语言有中文、英文等。

⑦内存大，一般可储存几千个点的测量数据，能充分满足野外测量需要。

⑧数据可录入电子手簿，并输入计算机进行处理。

⑨仪器内置多种测量应用程序，可视实际测量工作需要，随时调用。

全站仪作为一种现代大地测量仪器，它的主要特点是同时具备电子经纬仪测角和测距两种功能，并由电子计算机控制、采集、处理和储存观测数据，使测量数字化、后处理自动化。全站仪除了应用于常规的控制测量、地形测量和工程测量外，还广泛地应用于变形测量等领域。

2. 发展历史

电子全站仪从出现到发展至今才短短十几年时间，却已发生了划时代的飞跃。其发展大致可分为四代。第一代，半站型电子全站仪，又称组合式全站仪，它由红外测距仪和电子经纬仪组合而成，一般可测斜距、平距、高差等。它有两种数据传输方式：一种由测距仪通过连接电缆传入电子经纬仪，再通过电子经纬仪上的232接口输出。另一种是通过“Y”型电缆分别由测距仪和电子经纬仪的通信口输出，代表产品有索佳RED2LV、RED2L、RED2A、REDimu 2红外测距仪加DTZ、DT 4或DTS电子经纬仪等，参见图6-1。第二代，可接手簿全站仪，集测角、测距计算于一体，观测内容的区分一般通过命令键或代码改变，还具备数项专业测量的特殊功能，如断面测量、偏心测量、导线测量、对边测量、放样测量、悬高测量等，数据传输通过232接口输出，代表产品有索佳SET2B、徕卡TC-500、尼康DTM-A5LG、拓普康GTS 301、捷创力GDM 510等，可接电子手簿或电脑。第三代，可插磁卡全站仪，具有第一、二代产品的所有功能，还增加了数据传输的插卡装置，便于将观测数据直接记录在磁卡上。磁卡分为非标准卡（专业卡）和标准电脑卡（PC卡）。非标准卡不能直接与成品电脑兼容，独立性较强。标准电脑卡可以接在电脑上使用，便于用户调用数据。代表产品有索佳SET2C（专业卡）、徕卡TC 1100、拓普康GTS-700等。第四代，电脑化全站仪，具有与电脑兼容的双PC卡，可同时插系统卡和专用功能卡。专用功能卡有观测系统卡、纵横断面卡、计算卡、遥控传输卡等，并可全汉字显示。数据传输有3种可选：串口或并口电缆传输、PC卡传递、无线通信。电脑化全站仪还可以进行系统开发，代表产品有POWERSET、SET 2000、SET 3000、SET 4000、尼康DTM 750等，参见图6-2。

图6-1　半站型电子全站仪

图6-2　电脑化全站仪

全站仪的发展虽然使得它所具备的功能越来越多,但是其操作的方便性没有改变。内置程序的增多和标准化是近年来全站仪发展的一个重要特点,程序的执行过程实际上就是仪器操作的执行过程,这就使观测者能够按仪器中设定的正确的操作步骤去完成工作,从而避免误操作。另外,仪器的数据共享能力在不断加强。全站仪和其他类型的仪器(如GPS接收机、数字水准仪)之间的数据交流越来越方便,自动化水平不断提高。全站仪早期的发展主要体现在硬件设备上(如质量的减轻、体积的减少等),中期的发展主要体现在软件功能上(如水平距离的归算,加、乘常数的改正等),现今的发展则是全方位的,具有与电脑兼容的双PC卡可以同时插系统卡和专用功能卡,实现数据的共享和传输,还可以进行系统的二次开发。

3. 仪器结构

全站仪是集光、机、电于一体的高科技仪器设备,其中轴系机械结构和望远镜光学瞄准系统与光学经纬仪相比没有大的差异,而电子系统主要由电子测距单元、电子测角及微处理器单元和电子记录单元构成。图6-3为徕卡TPS 1000系列全站仪的电子系统结构示意图,主要由主板、存储卡板和马达板组成。主板是系统的核心,确保角度测量、距离测量、马达功能和输入/输出等部分的正常工作。上述电子系统又可归纳为光电测量子系统和微处理子系统。光电测量子系统的主要功能有水平角测量、垂直角测量、距离测量、仪器电子整平与轴系误差自动补偿、轴系驱动和目标自动照准、跟踪等。微处理子系统的主要功能有控制和检核各类测量程序和指令,确保全站仪各部件有序工作;实现角度电子测微,距离精、粗读数等内容的逻辑判断与数据链接,全站仪轴系误差的补偿与改正;距离测量的气象改正或其他

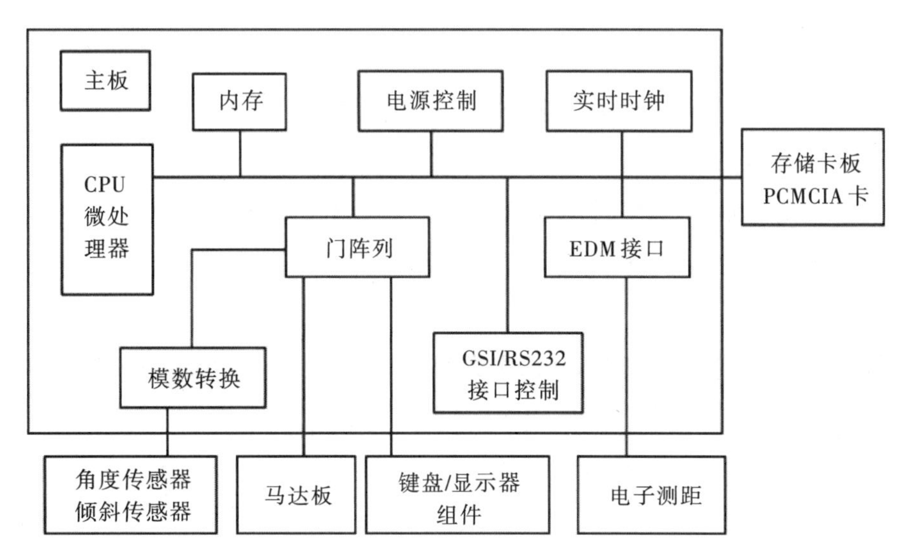

图6-3　全站仪的电子系统结构

归化改算等；管理数据的显示、处理与存储，以及与外围设备的信息交换等。

4. 仪器分类

(1)按测程分类

全站仪按测距仪的测程可分为以下三类。

①短程测距全站仪：测程小于3 km，一般匹配测距精度为±(5 mm+5×10⁻⁶D)，主要用于普通工程测量和城市测量。

②中程测距全站仪：测程为3～15 km，一般匹配测距精度为±(5 mm+2×10⁻⁶D)～±(2 mm+2×10⁻⁶D)，通常用于一般等级的控制测量。

③远程测距全站仪：测程大于15 km，一般匹配测距精度为±(5 mm+1×10⁻⁶D)，通常用于国家三角网及特级导线的测量。

(2)按准确度分类

全站仪按测角、测距准确度等级划分，可分为四类，具体如表6-1所示。

表6-1 全站仪准确度等级分类

准确度等级	测角标准偏差(″)	测距标准偏差(mm)
Ⅰ	$\|m_\beta\| \leqslant 1$	$\|m_D\| \leqslant 3$
Ⅱ	$1 < \|m_\beta\| \leqslant 2$	$3 < \|m_D\| \leqslant 5$
Ⅲ	$2 < \|m_\beta\| \leqslant 6$	$5 < \|m_D\| \leqslant 10$
Ⅳ	$6 < \|m_\beta\| \leqslant 10$	$10 < \|m_D\| \leqslant 20$

注：m_β为一测回水平方向标准偏差；m_D为每千米测距标准偏差。

任务二 全站仪的坐标测量

◎学习目标：通过学习和实训，要求掌握坐标测量的操作。

◎技能标准及要求：能用全站仪进行坐标测量并符合精度要求。

不同厂家、不同型号的全站仪，其操作步骤有一定的差异。下面以SOKKIASET210全站仪为例，简要说明全站仪的使用方法。

一、基本操作

1. 开机和关机

开机：当按下[ON]后会听到仪器发出“啪啪”两声，同时屏幕显示“SOKKIA”字样，表示开机成功。关机：先按下[ON]后再按[ ]，仪器操作面板参见图6-4。

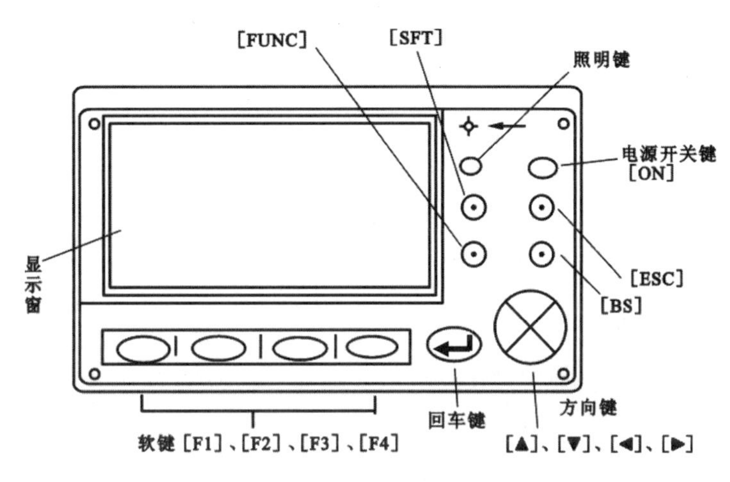

图6-4　仪器的操作面板

2. 显示窗照明

当仪器周围光线较弱，看不清显示窗上的内容时，按下[照明键]仪器内照明设备打开，再次按下可关闭照明设备。

3. 软键操作

在操作过程中，显示窗底行会显示出各软键的功能。如果不在底行显示，仪器会在软键前面显示使用何键执行。

[F1]~[F4]：选取与显示窗底行对应的各软键相应的功能，如果没有与之对应的软键则此时该按钮无效。

[FUNC]：改变测量模式菜单页。测量模式下显示窗底部的菜单选项共有三页，可用该键切换各页。字母数字输入时，各键也有着不同的功能。

[F1]~[F4]：选择与显示窗底部对应的字母或数字。

[FUNC]：转至下一页字母或数字显示。若按住[FUNC]片刻，则返回上一页字母或数字显示。

[BS]：删除光标左边一个字符。

[ESC]：取消输入的数据内容，或退到前次执行的内容，返回前一页显示。

[SFT]:字母大小写转换。如,输入字母ABCac时,则输完ABC后,按下该键,即可转换到小写字母输入状态,再输入ac,但不能对已输入的字母进行大小写转换。

[↵]:回车键。选取或接收输入的数据内容。

4. 任意项的选取

[▲]/[▼]:向上或向下移动光标。

[◀]/[▶]:向左或向右移动光标,或者选取其他选项。

[↵]:选取选项。

5. 模式转换

[设置]:由状态模式转至设置模式。

[测量]:由状态模式转至测量模式。

[内存]:由状态模式转至存储模式。

[ESC]:由各模式返回状态模式。

6. 气象改正设置

在测量模式第2页菜单下用[▲]或[▼]来使指引光标到[改正]命令下,然后按[↵]确定,进入图6-5所示屏幕。

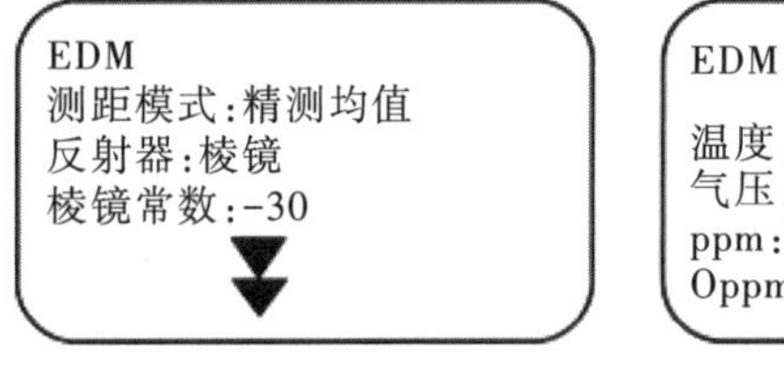

图6-5 气象改正界面

[编辑]:修改光标处的参数。

[Oppm]:将气象改正数设置为“0”,温度和气压恢复默认值。

气象改正数可以通过输入温度、气压值后由仪器自动计算,也可以直接输入ppm值进行改正。

7. 坐标测量

在输入测站坐标、仪器高、目标高和后视坐标方位角后,用坐标测量功能可以测定目标点的三维坐标。其原理是通过测量值(水平角、竖直角、测站与目标之间的距离值)由仪器在后台自动计算出目标点的坐标值,屏幕上显示的是经过计算后的坐标值。

二、操作步骤

①量取仪器高和目标高。

②在测量模式第1页菜单下按[坐标]进入[坐标测量]。

③按[↵]后选取“测站坐标”,进入测站坐标输入界面(图6-6),按[编辑]输入测站坐标、仪器高和目标高,按[取DATA]调用预先输入内存中的已知坐标数据,按[记录]存储测站数据,按[OK]完成输入。

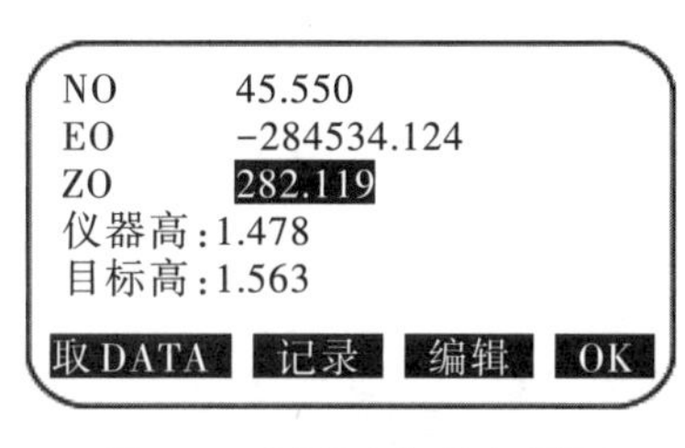

图6-6　测站坐标输入界面

④设置后视坐标方位角。后视坐标方位角可以通过测站点坐标和后视点坐标反算得到。在测量模式第1页菜单下按[坐标]进入[坐标测量],选择[测站定向]→[后视定向]→[角度定向]直接输入角度,或选择[测站定向]→[后视定向]→[后视],然后按[编辑],输入后视点坐标(图6-7)。

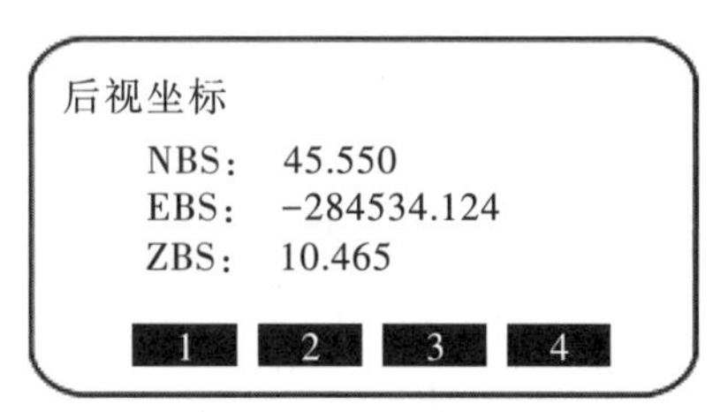

图6-7　后视点坐标输入

⑤三维坐标测量。照准目标点上的棱镜,在测量模式第1页菜单下按[坐标]进入[坐标测量]界面,在[坐标测量]界面下选取“测量”开始坐标测量,在屏幕上显示出所测目标点的坐标值。按[仪高]可重新输入测站数据,按[记录]可记录测量结果(图6-8),按[ESC]结束坐标测量返回[坐标测量]屏幕。

N: 45.550
E: −284534.124
Z: 49.364
ZA: 88°58′36″
HAR: 115°52′48″

观测 仪高 记录

图6-8 坐标测量结果

通过输入仪器高和棱镜高测量坐标后,可直接测定未知点的坐标。进行坐标测量,注意要先设置测站坐标、测站高、棱镜高及后视点坐标,设置好后照准得出方位角。(图6-9、图6-10)

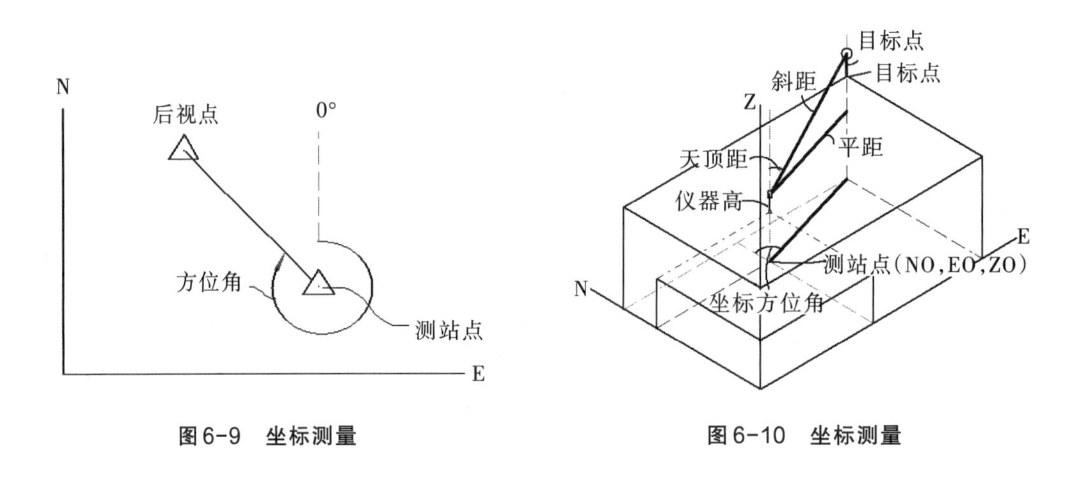

图6-9 坐标测量

图6-10 坐标测量

任务三 全站仪的放样测量

◎学习目标:通过学习和实训,要求掌握放样测量中的距离放样、坐标点放样以及直线放样的方法和步骤,掌握全站仪使用时的注意事项。

◎技能标准及要求:能用全站仪进行放样观测并符合精度要求。

知识储备

1. 全站仪的改样测量

(1)距离放样

在放样过程中,通过对所要的点位的角度、距离或坐标测量,仪器将显示出预先输入的放样值与实测值之差以指导放样。(放样方法类似于经纬仪操作过程,不同的是经纬仪一般定准方向后直接用尺量,而全站仪采用距离测量,实测值与放样值最终都落实在距离上。)

显示值=实测值-放样值。

根据某参考方向转过的水平角和至测站点的距离来设定所要求的点,如图6-11所示。

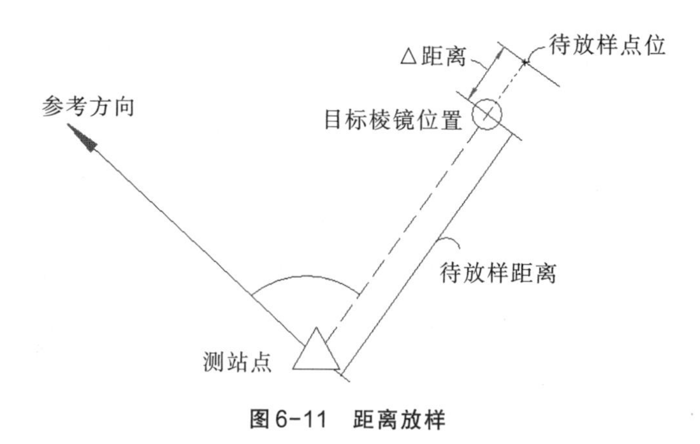

图6-11　距离放样

(2)坐标点放样

坐标点放样测量用于在实地上测出已知坐标点的位置。

键盘输入待放样点的坐标,仪器的计算器根据指令计算出测量所需水平角度值和水平距离值并存储于内存储器中。利用仪器的角度测量功能和距离测量功能,便可测定待放样点的位置。如图6-12所示。

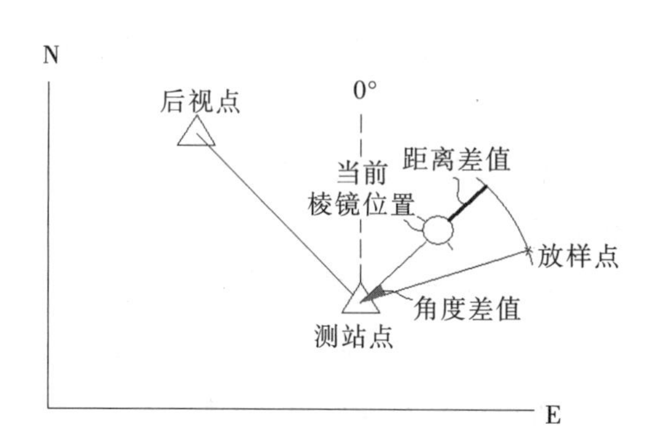

图6-12　坐标点放样

(3)直线放样

直线放样用于测量已知距基线一定距离值的点位,也可用于测量点位距基线的距离。该功能为路缘线、建筑墙、管道坡度的定线放样和检查,提供了极大方便。

要进行直线放样测量,首先得定义基线,可以通过输入两点坐标定义基线,也可以通过输入起点坐标、基线方向角(水平方向)坡度(纵向)定义基线。

以道路路缘石放线为例,先放出道路中心线,再根据中心线至路缘石的距离放出路缘石边线,如图6-13所示。

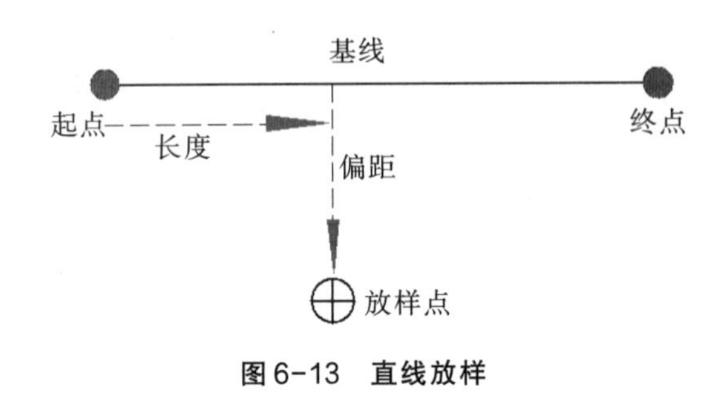

图6-13　直线放样

2. 全站仪测量注意事项

(1)校核仪器。

有由计量部门出具的校核合格证,或现场通过对测绘院交桩的已知点进行复核。若偏差在允许范围内,则说明仪器测量精度符合要求。

(2)认真阅读仪器使用说明书。

由于仪器种类较多,不同仪器的程序菜单及操作顺序有所区别,所以应熟悉产品使用说明书、掌握操作顺序。

(3)外业操作前对测量数据做好准备,并根据现场地形情况确定测量线路。

(4)必须遵循“先整体后局部、先高级后低级、先控制后碎部”的原则组织测量。

(5)测量前对已知控制点进行闭合、平差。

(6)作业前应仔细、全面地检查仪器,确认仪器各项指标、功能、电源、初始设置和改正参数均符合要求后,再进行作业。

(7)考虑环境对测量精度的影响,如日光、气压、温度、风力、空气透明度等。日光下测量应避免将物镜直接瞄准太阳,若在太阳下作业应安装滤光器;风级较大对仪器和棱镜的稳定会产生影响;仪器处于高温或震动环境,测量结果误差较大。

(8)及时对测量数据进行存储和整理。

项目七　装饰施工测量

◎学习目标:通过学习,要求了解并掌握与装饰施工相关的测量仪器的使用,掌握装饰施工测量的内容与要求。

◎技能标准及要求:能运用全站仪、扫平仪、激光垂准仪、测距仪、钢尺、靠尺等测量工具进行装饰施工测量放线,并符合相关精度要求。

任务一　常用测量仪器介绍

前面的项目中已经介绍了水准仪、经纬仪、全站仪、钢尺等测量仪器与工具。本项目中主要介绍一些装饰工程施工中常用的测量仪器。

1. 激光扫平仪

扫平仪就是旋转发射式的激光水准仪,在土木、建筑、内部装饰工程中扫出水平面,其工作效率很高。如图7-1所示,该仪器采用红外激光器,每分钟转300次,扫出360°的水平基准面。它与红外接收器配合使用,一人即能快速操作,如果用普通DS 3水准仪和水准尺作业,至少要两人操作。激光扫平仪可在瞬间建立起大范围的水平面、铅锤面、倾斜的基准面,为施工、装饰提供基准面或线,使用起来更方便、更灵活,工作效率被大大提高。

图7-1　激光扫平仪

(1)扫平仪的工作原理

对于光点扫出线的仪器,是利用可视激光点在快速移动时,因为人的视觉暂留的缘故,人看到光点移动就是一条线的原理。仪器在整平的情况下,光电扫出的线在同一高度。

激光通过机内的自动补偿机构补偿到水平,并射出激光。超过补偿范围时,停止旋转和发射激光,警报灯即亮。用吊丝悬挂内圆筒座,将激光二极管装在中心位置,一般以铅垂方向发射激光。以铅垂方向发射的激光通过物镜和装在马达上的五角棱镜沿水平方向旋转发射。观察报警灯可知是否在自动安平补偿范围内,主机是否倾斜,这可通过电子学的方法,控制内圆筒座和外圆筒座之间的间隙来确定。

接收器由两个接收二极管和显示器组成,前者接收激光,后者显示光斑位置,同时通过音色变化的蜂鸣器调整光斑位置。接收器是上、下两个光敏二极管,根据照在两个二极管的光量差来指示位置。*A*时光敏二极管2没照到激光,以向下的箭头符号表示。*B*时光敏二极管1和2受同等光量照射,以中心标记表示。

(2)扫平仪的操作步骤

①安置仪器

将扫平仪从箱子中取出,装上电池,把投线仪放到需要的位置,进行激光投线。一般情况下,此时扫平仪的气泡偏离中心。

②整平扫平仪

调节扫平仪下方的三个支撑脚上的螺母,进行整平,方法原理同水准仪的整平,使气泡居中。

③开机使用

开机,在控制面板上按下H键,此时显示一条水平的激光线;再按下V键,显示竖直的激光线。这样就形成了十字线,两条线是垂直关系。现实应用时,在水平情况下,这样做可以在墙体上或其他位置画上一条条相互水平的竖直线,如图7-2所示。

图7-2　扫平仪控制面板

注:在操作的整个过程中要轻拿轻放。在激光扫平仪使用过程中可能需要佩戴护目镜,防止激光对眼睛造成伤害的可能性。人眼长时间被激光照射会造成损伤。

2. W激光垂准仪

垂准仪是以重力线为基准,给出铅垂直线的光学仪器,可用来测量相对铅垂线的微小水平偏差、进行铅垂线的点位转递、物体垂直轮廓的测量,以及方位的垂直传递。下面介绍DZJ 300激光垂准仪。

(1)仪器构造如图7-3所示

图7-3　DZJ 300激光垂准仪的构造

(2)激光垂准仪的使用

①安置、整平、对中

安置:将三脚架安置在测站点上,仪器安装在三脚架的基座强制中心孔内,锁紧基座固定钮,使仪器稳固。调节三脚架高度,使望远镜目镜大致与人眼等高。

整平:激光垂准仪的整平方法和经纬仪整平方法基本相同,区别是激光垂准仪为激光对中,经纬仪为光学对中,操作方法大同小异,故不再赘述。

②瞄准

在目标处放置网格激光靶,转动望远镜目镜使分划板十字丝清晰,再转动调焦手轮使激光靶在分划板上成像清晰并尽量消除视差,即当观测者轻微移动视线时,十字丝与目标之间不能有明显偏移;否则应继续上述步骤,直至无视差。

③向上垂准

打开垂准激光开关，会有一束激光从望远镜物镜中射出，顺时针旋转开关，光斑亮度增大。通过调节调焦手轮可控制光斑的大小，使激光束聚焦在激光靶上，激光光斑中心处的读数即为观测值。同样建议用户通过旋转照准部，用对径读数的方法提高垂准精度。激光下对点的使用方法，可参照垂准激光的使用方法。

④测定被测物在垂直方向上的轮廓

⑤点位的垂直传递

(3)仪器的维护

为了正确、合理地使用和保管仪器，保证垂准精度，延长仪器的使用寿命，请注意以下事项：

①仪器从包装箱内取出时应小心，一手握提手，一手托住三脚基座，不要用力拉激光外罩和望远镜筒部。

②观测时，用两手转动照准部下半部分的圆盘来转动仪器，不要用力推提手或激光外罩部分。

③使用时，应避免阳光直接照射在仪器上。

④仪器暴露在外面的光学镜片上有灰尘时，可用软毛刷轻轻刷去，有水汽或油污时，可用擦镜纸或干净的绒布轻轻地擦净。

⑤冬天室内外温差大，仪器在拿到室外或室内时，应间隔一段时间后再开箱。

⑥仪器不使用时，应放在仪器包装箱内，箱内放适量的干燥剂，箱子应放在干燥、清洁、通风良好的房间内。

3. 激光测距仪

激光测距仪是利用调制激光的某个参数，对目标的距离进行准确测定的仪器，如图7-4所示。脉冲式激光测距仪是在工作时向目标射出一束或一序列短暂的脉冲激光束，由光电元件接收目标反射的激光束，计时器测定激光束从发射到接收的时间，计算出从测距仪到目标的距离。激光测距仪使用非常方便，可以大大提高测距的效率。

图7-4　激光测距仪

(1)距离测量(如图7-5所示)

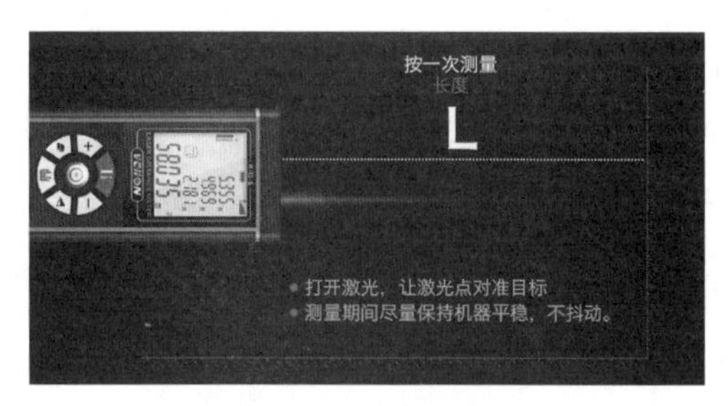

图7-5　距离测量

(2)面积测量(如图7-6所示)

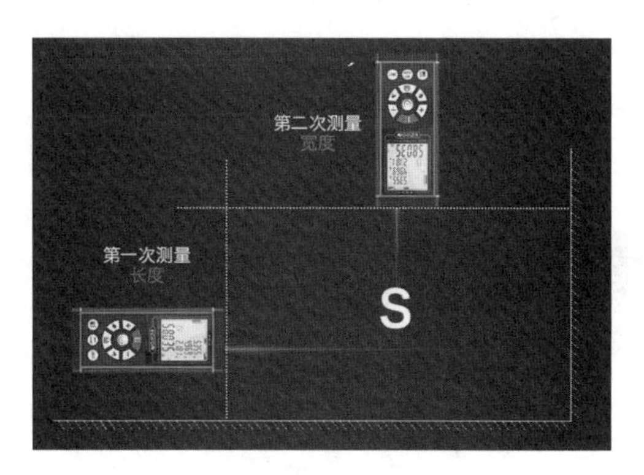

图7-6　面积测量

(3)体积测量(如图7-7所示)

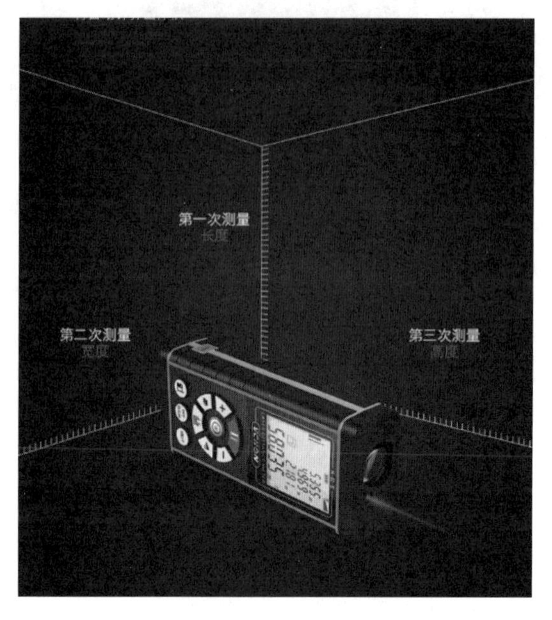

图7-7　体积测量

4. **水平尺**

水平尺是利用液面水平的原理,以水准泡直接显示角位移,测量被测表面相对水平位置、铅垂位置、倾斜位置偏离程度的一种计量器具,如图7-8所示。

水平尺主要用来检测或测量水平和垂直度,可分为铝合金方管型、工字型、压铸型、塑料型、异型等多种规格;长度有从10—250 cm多个规格。水平尺材料的平直度和水准泡质量,决定了水平尺的精确性和稳定性。

水平尺容易保管:悬挂、平放都可以,不会因长期平放影响其直线度、平行度。铝镁轻型水平尺不易生锈,使用期间不用涂油;长期不使用,存放时轻轻地涂上一层薄薄的普通工业油即可。

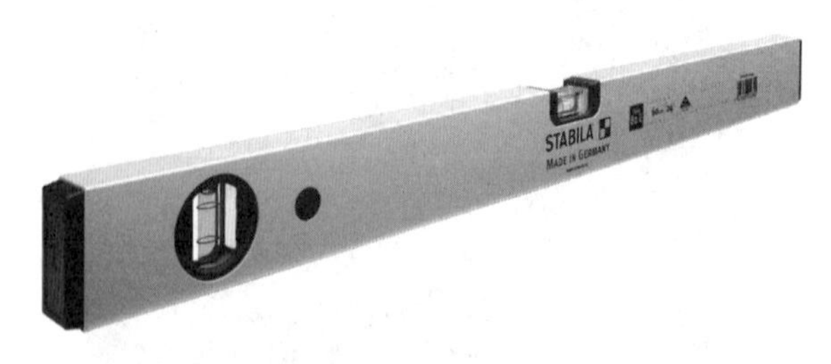

图7-8　水平尺

5. **靠尺、塞尺**

靠尺是一种检测工具，用于检测墙面、瓷砖是否平整垂直，检测地板龙骨是否水平平整，如图7-9所示。

塞尺检测建筑物体上的缝隙大小及物体平面的平整度，如图7-10所示。

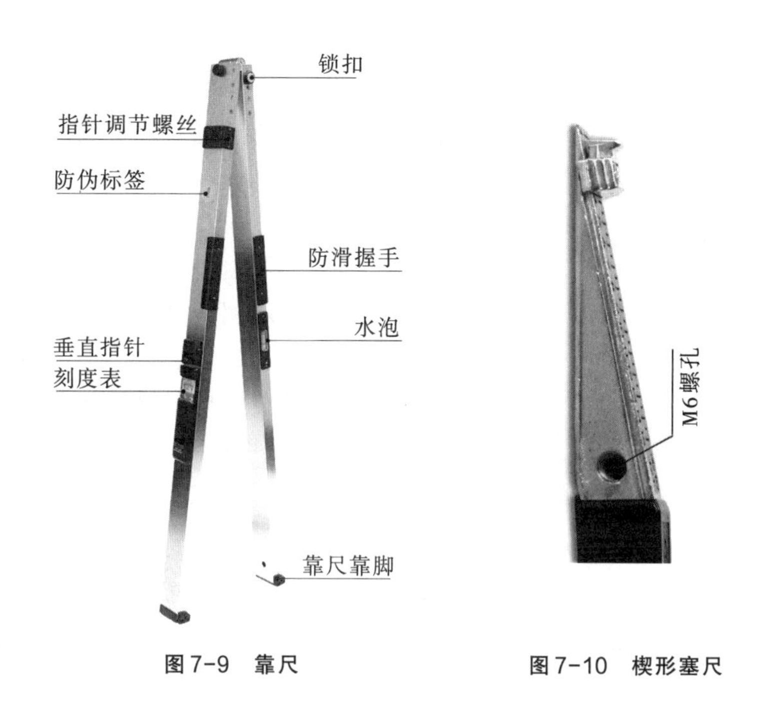

图7-9　靠尺　　　　图7-10　楔形塞尺

(1)墙面垂直度检测

手持2 m水平尺中心，位于同自己腰高的墙面上；但是，如果墙下面的勒脚或饰面未做到底时，应将其往上延伸相同的高度。

当墙面高度不足2 m时，可用1 m长水平尺检测。但是应按刻度仪表显示规定读数，即使用2 m水平尺时，取上面的读数；使用1 m水平尺时，取下面的读数。对于高级饰面工程阴阳角的垂直度也要进行检测。检测阳角时，要求水平尺离开阳角的距离不大于50 mm；检测阴角时，要求水平尺离开阴角的距离不大于100 mm。当然，越接近代表性就越强。

(2)墙面平整度检测

测墙面平整度时，检测尺侧面靠紧被测面，其缝隙大小用楔形塞尺检测。每处应检测三个点，即竖向一点，并在其原位左右交叉45°各一点，取其三点的平均值。

平整度数值的正确读出，是用楔形塞尺塞入缝隙最大处确定的；但是，如果手放在靠尺板的中间，或两手分别放在距两端1/3处检测，应在端头减去100 mm以内查找最大值读数；另外，如果将手放在检测尺的一端检测，应测定另一端头的平整度，并取其值的1/2作为实测结果。

(3)地面平整度检测

检测地面平整度时,与检测墙面平整度的方法基本相同,仍然是每处应检测三个点,即竖直方向一点,并在其原位左右交叉45°各测一点,取其三点的平均值。遇有色带、门洞口时,应通过其进行检测。

(4)水平度或坡度检测

视检测面所需要使用的水平尺,要先确定是用1 m的还是用2 m的水平尺进行检测。检测时,将水平尺上的水平气泡朝上,位于被检测面处,并找出坡度的最低端后,再将此端缓缓抬起的同时,边看水平气泡是否居中,边塞入楔形塞尺,直至气泡居中。在塞尺刻度上所反映出的塞入深度,就是该检测面的水平度或坡度。

6. 内外直角检测尺

内外直角检测尺,又名直角尺、阴阳角尺,用于检测门窗边角是否呈90°,如图7-11所示。顾名思义,这就是用来测量房屋中直角部位的尺度的。通过测量可以知道房屋或者门窗做得是否方正,有没有严重的变形情况。

使用多功能内外直角检测尺能检测墙面内外(阴阳)直角的偏差,一般普通的抹灰墙面偏差值为4 mm,砖面偏差度为2 mm。使用时将活动尺拉出旋转270°,使指针对准“0”位,然后靠在阴阳角处测量。测量后,读检测尺上的读数,指针所指数值即为被测面的垂直偏差,如图7-12所示。

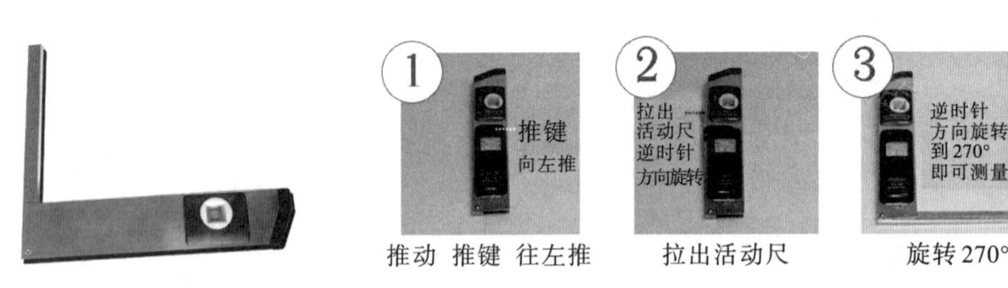

图7-11　内外直角检测尺　　图7-12　直角尺使用步骤

7. 其他测量工具

(1)响鼓锤

轻轻敲打抹灰后的墙面,可以判断墙面的空鼓程度及砂灰、砖与水泥冻结后的黏合质量,如图7-13(a)所示。

(2)水电检验锤

使用于检测水电管道安装、地面装饰等工程。利用敲击震动的声响,来判断物体的牢固程度及施工质量,如图 7-13(b)所示。

(3)钢针小锤

用小锤轻轻敲打玻璃、马赛克、瓷砖,可以判断空鼓程度及黏合质量。拔出塑料手柄,里面是尖头钢针,钢针在被测物上戳几下,可探查出多孔板缝隙、砖缝等砂浆是否饱满,如图 7-13(c)所示。

(4)活动锤头

锤头上 M6 螺孔,可安装在伸缩杆或对角检测尺上,便于高处检验(用法同响鼓锤),如图 7-13(d)所示。

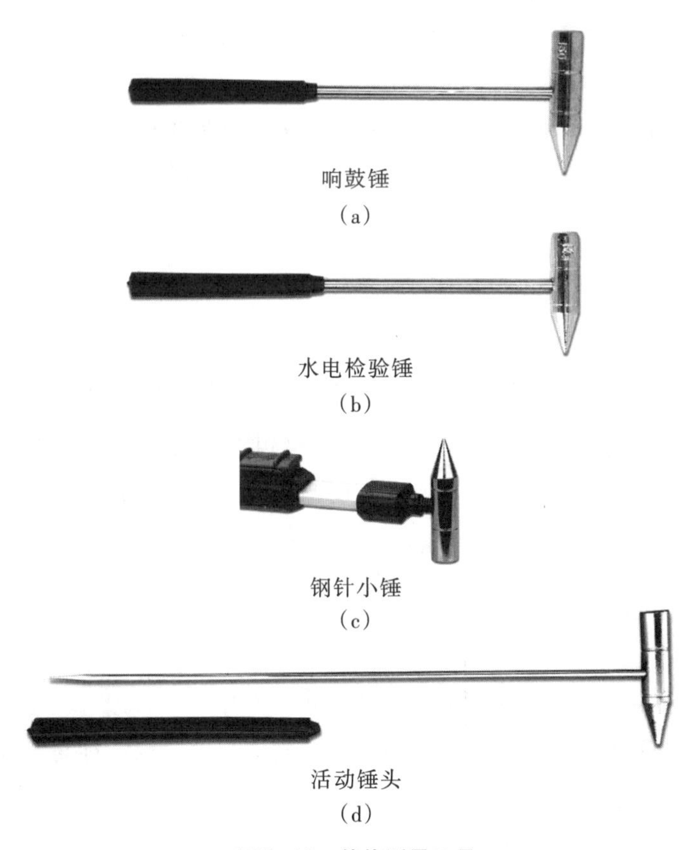
响鼓锤
(a)
水电检验锤
(b)
钢针小锤
(c)
活动锤头
(d)

图 7-13　其他测量工具

(5)小卷尺、墨斗(如图 7-14 所示)

墨斗由墨仓、线轮、墨线(包括线锥)、墨签四部分构成,是中国传统木工行业中极为常见的工具,墨斗通常被用于测量和房屋建造等方面。

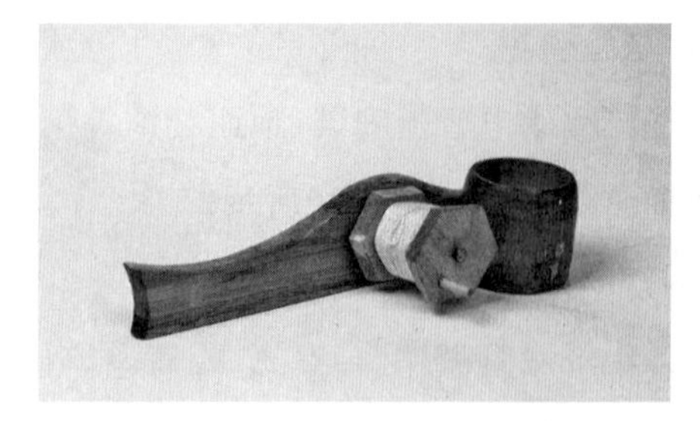

图7-14　小卷尺和墨斗

任务二　装饰施工测量实测

◎学习目标:通过实训,了解装饰工程施工测量的内容。

◎技能标准及要求:通过实训能进行装饰工程施工测量并符合精度要求。

装饰工程施工测量的内容主要有:对原有建筑物的外墙平整度、垂直度检测、建筑高程检测、地面工程施工测量放线、吊顶工程施工测量放线、墙面装饰施工测量放线、屋面测量放线等。

1. 测量准备工作

(1)为保证测量工作的准确无误,本工作由2名测量人员组成,其中放线员1名,放线工1名,全部人员必须持有测量员证,能胜任本工作,具备相应的经验和能力。

(2)测量仪器工具:全站仪、自动安平水准仪、激光扫平仪、激光垂准仪、激光测距仪、钢尺(50 m)、靠尺、水平尺、阴阳角尺、检测锤、小卷尺、墨斗等。所配备的测量设备均须保证精度。

(3)技术准备。

①对图纸上所有尺寸及主要建筑物的相互关系进行校核。

②对平面图、立面图、大样图上同一位置的建筑物的尺寸、形状、标高等进行检查核对。

③检查室内外地面标高之间关系是否正确。

④检查装修与水电设备等图纸是否一致,标高是否合理。

根据工程实际情况,为确保精度,选定适宜的测量方法,本着“以大定小,以长定短,以精定粗”“先整体后局部”的原则进行测量。垂直偏差的测量采取“定时、定点”的测量方法,以减少因太阳光照射角不同而引起的偏差。

2. 地面工程的施工测量

（1）由于沉降等原因，首层地面标高可能与设计图纸不符，根据已校核的水准点，测设首层±0.000标高，并以此标高为基准进行标高的竖向传递。

（2）首层各段的标高控制点为三个，以利于闭合校差。

（3）标高的传递方式采用在楼梯间和窗口处进行传递，如图7-15所示。

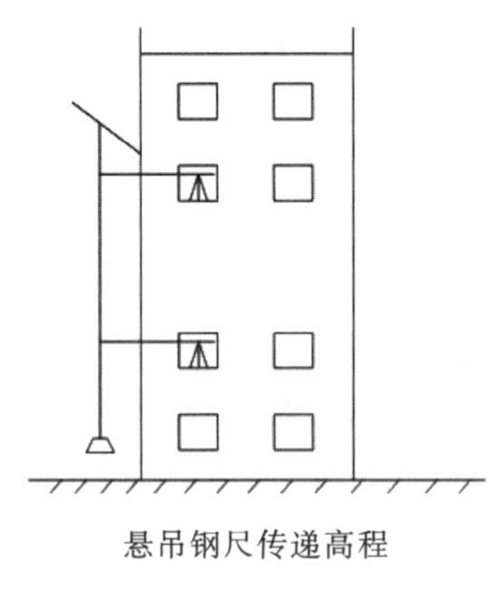

悬吊钢尺传递高程

图7-15　标高传递

传递到各层的三个标高点应先进行校核，校差不得大于3 mm，并取平均点引测水平线。

（4）测设50 cm水平控制线：50 cm水平控制线的测设允许误差应符合规范要求。室内的50 cm水平线是控制地面标高、门窗安装等项目的重要依据，在弹墨线时应注意墨线的宽度不得大于1 mm，防止误差扩大。

（5）用水准仪检测地面面层的平整度和标高时，水准仪的间距应符合以下要求：大厅应小于5 m，房间应小于2 m。也可使用激光扫平仪。

（6）地面大理石排版放线

将地面或者墙面按大理石的安装尺寸排开，标上序号。序号从1开始，地面代号也加上去，序号旁再加标左方向和右方向的连接编码号。

①依照设计图纸和产品规格设置排版控制线，应在视觉空间区域消除半块以下铺贴规格的产品。

②交货产品的排版，按加工计划生产出来的产品转入排版区，按排版图纸平面分布图逐一排列出来，将产品表面擦干净，察看整体效果，发现颜色有差异的进行调整、更换，并保证主平面颜色一致。其他区域、部位颜色有差异的，在同一区域、同一部位的同一规格间进行调换，并保证颜色由浅入深、由近入远、由低层向高层慢慢过渡。虽然工序已排版，但天然石材同一矿区因位置不同，颜色也有差异；而且同一块板面都会出现阴阳色，花纹、颗粒也存在

分布不均匀。此外,石材内部也存在扫花、黑斑、杂质等因素,故需进行第二次排版。

③排版过程中还要进行对到达现场产品的质量检验,如几何尺寸、对角线、平整度、外观缺陷、光泽度、角度、厚度等,发现质量不合格的及时更换,板面有划伤、磨痕的要重新返工。

④卫生间地面地漏位置尽量放置在一整块地砖中央或拼缝十字线上,地砖与地漏拼缝应在整块地砖与地漏的对角线上。

3. 吊顶工程的施工测量

(1)根据已弹出的50 cm楼层水平控制线,用钢尺量至吊顶的设计标高,并在四周的墙上弹出水平控制线。其允许误差应符合规范要求。

(2)顶板上弹出十字直角定位线,其中一条线应确保和外墙平行,以保证美观,并以此为基础在四周墙上的吊顶水平控制线上弹出龙骨的分档线。

(3)对于装饰物较多、工艺较复杂的房间,吊顶前将其设计尺寸在铅垂投影的地面上按1:1放出大样,后投点到地面,确保位置正确。

4. 隔墙(隔断)施工测量

(1)依照装饰建筑物或构筑物或其他外部的某一固定点与线,经设计确定作为装饰施工放线的基准点与线。

(2)按设计平面图的隔墙(隔断)位置,先行在地面上标定墙体完成面定线(可用墨斗弹线设定)。

(3)若隔墙(隔断)延至两端或一段有墙体连接的,可用红外线仪器以地面墙界线放线于已有的墙体上,再向上延伸至该墙顶;若无端头墙体,可在地面上标定墙体完成面定线的有效距离段,按序利用吊锤(线锤)设定顶面上墙体控制线。

(4)在墙基线完成后,立即依照设计图纸设定室内门洞位置,以免在墙体施工中遗漏门洞设置,造成返工损失。

5. 墙面施工测量

(1)沿墙线离墙20 mm左右在地面和顶面放置一个平面线(方法如隔墙),用来检查和确定基墙的最凸出部位(该部位已不可再剔除)。

(2)根据装饰墙面结构层的厚度,依照基墙的最凸出部位再次设定装饰墙面的完成面界限(完成面)。

(3)墙立面装饰造型放线,是根据设计图上的几何尺寸、位置要求及施工材料的具体状况而设定在墙立面上的。放置控制线,一般为基层完成面线和面层完成面线,若墙基体本身不平整，则还需加放一条墙体结构基准线，让施工人员按照要求施工，确立造型基准点、线按图示几何尺寸放线于所施工的墙面上，达到装饰完美的效果。

6. 墙面铺贴排版放线标准

（1）墙面砖排版原则：室内面砖在施工前必须认真进行排版设计。

①墙、地面的面砖规格相同时，墙、地面砖的缝隙应贯通，不应错缝；规格不相同时，可不作要求。

②面砖预排时，应尽量避免出现非整块现象，如确实无法避免，应将非整块的面砖排在较隐蔽的阴角部位。

③在施工前能确定面砖规格，排版设计出现非整块砖时，可建议适当变更墙体位置或门窗洞口位置及尺寸。

④如果在一个墙、地面确实出现无法避免的小于1/4块的小条砖时，应将一块小条砖加一块整砖的尺寸平均后切成两块大于1/4的非整砖排列在两边的阴阳角部位，并且位置要对称。

⑤墙面砖镶贴的平整度必须进行严格控制，保证排版目标得以实现。

⑥严把材料关，镶贴前应对材料进行严格的大小筛选，区分产品整齐度或方正度，防止镶贴隙缝。

（2）墙面石材排版放线原则：天然石材存在颜色差异、外观缺陷，所以石材排版效果的好坏直接关系到整体装饰效果。

①根据图纸清单及平面分布图明细表，及时、准确地计算出用料方案。必须首先保证主立面（正面）颜色与样品一致，将颜色稍有差异的用在背面、转角处、次主面。整个立面（部位）颜色要自然过渡。将排版后的施工板块进行编号，按序粘贴于加工后石材板块上，便于施工人员按序取件安装。

②排版过程中还要进行对到达现场产品的质量检验，如几何尺寸、对角线、平整度、外观缺陷、光泽度、角度、厚度等，发现质量不合格的及时更换，板面有划伤、磨痕的要重新返工。

③由于天然石材的纹路连接效果往往使得立面整体效果有差异，故需要进行第二次排版，达到设计效果。

④产品编号。以上项目完成后，按排版图的要求在产品的侧面或背面编号，以便工地施工人员“对号入座”。需要进行二次加工的，必须在产品的背面按排版图的要求编号，并转入下道工序加工；特别要注意，追纹的产品排版完成后，要将编号写在产品背面。

7. 门窗安装的施工测量

(1)门窗安装施工测量前,应按装饰工程平面和标高设计要求,检测门窗洞口净空尺寸偏差,并绘图记录。

(2)建筑物外墙垂直度,每层结构完后都应检测,记录偏差,并绘制平面图。

(3)在门窗洞口四周弹墙体纵轴线,在墙面上弹+500 mm水平控制线。

(4)采用全站仪进行竖向投测,在外窗洞口立面上弹出垂直通线。

8. 屋面施工测量

(1)在屋面四周女儿墙内侧测设水平控制线。

(2)按设计要求测设屋面各流水坡度控制线。

(3)对屋面防水设计采用卷材防水层,要在屋面找平层上测设十字直角控制线。

(4)对上人屋面采用方砖,要在防水层上测设十字直角控制线。

项目八　电梯井测量应用

◎学习目标：通过实践，了解各类测量仪器正确的使用方法，能够将其正确地应用在施工中。

◎技能标准及要求：熟练掌握各类测量仪器的操作要领，完成对电梯井施工中的各项测量。

一、施工方案

1. 施工方案

如图 8-1 所示，电梯井内施工要求，地坑深度 1600 mm，提升高度 17400 mm，顶层高度 5600 mm，其他各项数据如图所示。井道内施工前，使用经纬仪检测井道垂直度是否符合要求，允许偏差：60 m 以下井道为+25 mm，60 m—90 m 井道为+50 mm。

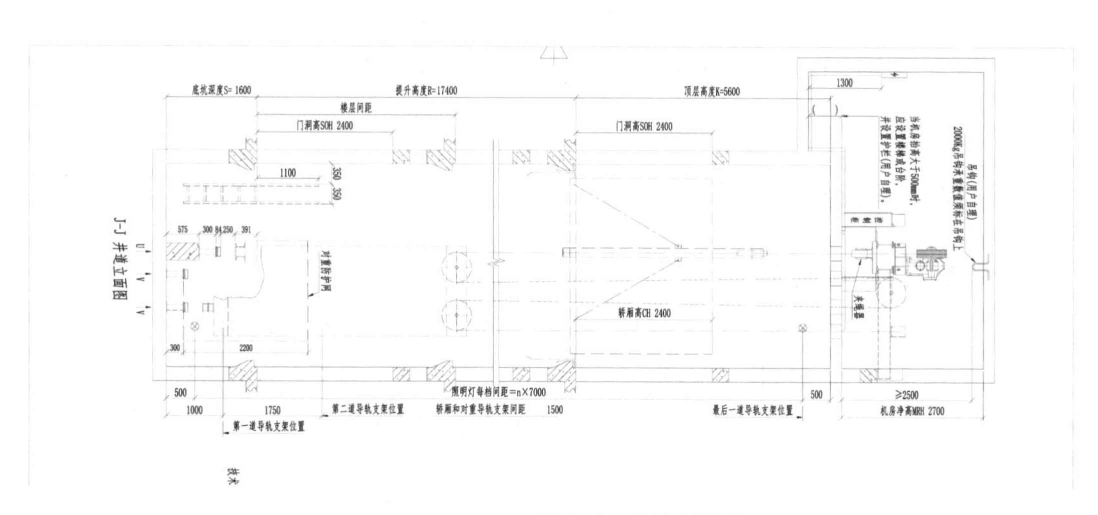

图 8-1　井道立面图

2. 编制依据

(1)《安全生产和文明施工规程》。

(2)《建筑安装及安全操作规程》。

(3)《建筑施工高处作业安全技术规范》。

(4)《龙门架及井架物料提升机技术操作规范》。

(5)本项目合同图纸及施工组织设计方案的规定。

二、安全防护要求

1. 建筑的电梯井模板安装安全防护搭设危险性大,技术要求高,班组应合理组织劳动力和技术力量,搭设人员应配备必要的通信工具和劳动保护用品(安全网、安全帽、安全带)。

2. 搭设技术人员及工人必须认真熟悉电梯井的安全防护方案。本方案中电梯井每三层一道防护,其余每层搭设软防护。

3. 电梯井门口设置钢管护栏,并挂上警告牌,提示操作人员注意安全。

4. 电梯井防护搭设时应有照明,应配有带防护罩的36V低压手灯做临时移动照明用,电焊机用电应用单独的电源开关,电源开关应设置在厅门口附近,以利于操作使用。

5. 防护搭设时必须保证内外有人,并保证通信工具畅通。搭设完毕后,必须经项目部进行验收。

6. 电梯井内墙上预留孔洞及金属膨胀螺栓、卡环等必须按方案要求进行留设。

7. 软防护与卡环的连接必须用8#铁丝进行绑扎,不得采用普通扎丝连接。

8. 派人定时清理软、硬防护的垃圾及其他杂物,保证防护的承载能力。

三、具体施工要求

1. 电梯井道作业要求

电梯井道是高层建筑最危险、最特殊的施工部位,施工过程中,无论是安全员或是需要作业施工的工人,必须按操作规范、程序进行施工。其中施工脚手架的搭设和一级防护、二级防护必须按规定做好,防护门设置是电梯井道最主要的防范措施。

2. 电梯井道内的定架搭设

定架搭设过程中使用卷尺测定相应数据。

(1)立杆间距不得大于900 mm×900 mm。

(2)水平拉杆步距为1500 mm双向设置,并每层对角设置双向剪力棒。

(3)每隔两层必须埋设固定的钢管与立管,拉结牢固。

(4)每隔四层必须有铜丝铝与预埋吊环(Φ18一级钢)组成卸力,以减小底下立管受力。

(5)每隔八层,用工字钢做悬挑支撑立管。

3. 电梯井道内一级和二级防护措施

(1)除搭设顶架外,还要求每两层铺设必要的安全挡板,每两层挡板的中间层必须设置安全网,封闭电梯井道。

(2)电梯井门设置要求:

使用经纬仪测定每个电梯井门的高度,对比施工方案,判定是否符合施工要求。

电梯井门需用钢筋焊成,高度不应低于1.8 m,与结构剪力墙预留的钢筋组成围护,若做成门式的,平常必须用Φ4铁线绑扎牢固,不得随意开放。

3. 电梯井每层工作面搭设安全规程

工作面搭设过程中使用钢直尺、卷尺测定相应数据。

(1)电梯井道作业面要求。必须满足木工班、钢筋班、泥工班的作业操作要求:泥工、钢筋工、木工操作安装模板或拆除模板时,井内作业的脚手架必须用特制的工作桥板或木板木方组成工作台,工作台必须满铺井道,并且坚固,临时可用铁线与棚架绑扎牢固。

(2)木工安装模板和拆卸模板时的工作面要求。棚架离墙壁宽约400 mm,这与安全规定是矛盾的。故当不是木工作业,是钢筋或浇砼施工时,应利用棚架上的挡板材料再修整加固,符合安全规定(即离边不得大于200 mm)方可作业施工。

(3)当木工拆卸完每层井道内的模板后,井道内的安全挡板和顶架的水平杆应调整(或另增加设置),使安全挡板离壁边不大于200 mm,安全挡板必须用铁线扎实牢固。

5. 电梯井位浇砼作业的安全措施规定

(1)浇砼作业前,必须按要求搭设、加固电梯井道内脚手架工作台。工作台高度必须达到浇砼的操作要求,安全员必须检查电梯井道棚架的稳定性和模板牢固性,合格后才允许浇砼工人使用;否则必须督促架子班做到妥善为止。

(2)浇砼作业时,工作人员应站在操作平台上进行浇筑工作,不准站在井壁上作业。

6. 电梯井最高层顶架搭设安全规定

电梯井顶层结构面为安装电梯机器的基础层。其顶架搭设安全操作工艺要求:

使用钢直尺、卷尺测定相应数据。

因顶楼面要做电梯机房基础，板厚为0.2 m，长1.9 m×宽1.8 m，则砼及钢筋恒重3.42 m×0.2 m×2.5 t/m²=1.71t，另加集中活重1.9 m×1.8 m×0.65 t/m²=2.223t，合计重量为：1.71+2.223=3.933t。由于承重量较大，模板顶架搭设必须满足受力要求：顶架立杆下脚必须支承在工字钢上，工字钢预留在高层，楼面共用3根/井口位与电梯相垂直布设，立杆间距600 mm×700 mm，扫地杆高工字钢约250 mm，其余间距1200 mm，双向布设并设剪刀撑，纵横两向各设1个，钢管直径45 mm、厚3.5 mm。全部钢管相交位用扣件锁紧，确保顶架受力不变形。

7. 电梯井道电位孔、木工返工钻凿预留砼孔安全操作规定

当电梯井道全部主体工程完成，并拆卸模板顶架后，应立即检查各层的电梯门侧上的预留孔，是否已按要求做好预留孔位工作；若没有留孔，则必须返工钻凿出留孔。在钻凿孔前，须将电梯井道内的一级防护挡板加固，安全员必须督促架子班按规定做妥当，才允许其进行作业。

作业孔钻凿过程中，所产生的垃圾碎石砼块应逐层清出，不允许直接卸至地下室层的井道内。因地下室井道较深很难清理。

木工收尾完成后，若电梯公司仍未进行安装施工，电梯井道的临时安全钢网门，必须用锁或大铁线绑扎牢固，不允许随意打开电梯临时安全门。

8. 拆卸井道内顶架安全操作规定

电梯井道内的顶架拆卸作业，应逐层由上而下进行，拆卸下的钢管件材料应小心地从各层电梯门口清理堆放至首层指定的地方格堆好，不允许将拆卸的管件材料直接丢在地下室层再清理。

9. 电梯公司安装电梯的安全操作和责任划分

(1)电梯公司安装电梯作业施工，必须有施工安全方案，与项目部沟通，划分清楚安全施工责任。

(2)当电梯公司作业施工，拆除电梯临时安全钢网门的安全设施时，安全责任由电梯公司负责。

(3)每当人员离场，电梯公司必须将电梯门洞封闭并确保牢固后方许离场。若没有按此规定做好防护措施而导致的一切安全事故由电梯公司负责，

(4)电梯公司在安装电梯的作业过程中，应按规定戴好安全帽和安全带，以确保安装施工的安全，顺利完成施工任务。

10. 建立安全员安全管理责任制度

大楼项目部指定一名安全员负责安全监督和检查，电梯井道安全工作列入项目部安全检查的重点。由安全员主要负责，每次人工费或工程费结付，必须由安全员认可后，方能结付。项目部应下放权力给安全员，对那些有意违反规定，不听从指挥的班组给予必要的处分。

11. 建立三级安全教育和安全检查制度

坚持三级安全教育，使工人树立正确的安全生产观，杜绝侥幸，杜绝冒险的、野蛮的、不安全生产的行为。

坚持项目部周检、月检安全制度，使安全检查成为项目部的重要工作之一。

项目部指定的安全员必须每天跟班，对于主要的电梯井、小电梯井、临边拆棚、安全网、安全挡板等安全设施，有计划、有针对性地实施管理检查和限期整改。做得不够好的，应及时与相关班组长沟通，按规定要求做好，确保生产安全。

12. 测量员岗位职责

(1)紧密配合施工，坚持实事求是、认真负责的工作作风。

(2)测量前需了解设计意图，学习和校核图纸；了解施工部署，制订测量放线方案。

(3)会同建设单位一起对红线桩测量控制点进行实地校测。

(4)测量仪器的核定、校正。

(5)与设计、施工等方面密切配合，并事先做好充分的准备工作，制订切实可行的与施工同步的测量放线方案。

(6)必须在整个施工的各个阶段和各主要部位做好放线、验线工作，并加强在审查测量放线方案和指导检查测量放线等方面的工作，避免返工。

(7)验线工作要主动。验线工作要从审核测量放线方案开始，在各主要阶段施工前，对测量放线工作提出预防性要求，真正做到防患于未然。

(8)准确地测设标高。

(9)负责垂直观测、沉降观测，并记录整理观测结果(数据和曲线图表)。

(10)负责及时整理完善基线复核、测量记录等测量资料。